U0246755

巴斯德名言

§ 一个科学家应该想到的，不是当时人们对他的辱骂或表扬，而是未来若干世纪中人们将如何讲到他。

§ 不论你们从事何种职业，都不要被非难和无聊的怀疑主义所动摇，不要因国家所经历的一时忧患而沮丧。

§ 科学是没有国界的，因为它是属于全人类的财富，是照亮世界的火把，但科学家却有他自己的祖国。

§ 立志是一件很重要的事情。工作随着志向走，成功随着工作来，这是一定的规律。

§ 机遇只偏爱那些有准备的头脑。

§ 告诉你我成功的奥秘吧，我唯一的力量就是我的坚持精神。

§ 科学的进步取决于科学家的劳动和他们的发明的价值。

科学元典丛书

The Series of the Great Classics in Science

主　　编　任定成

执行主编　周雁翎

策　　划　周雁翎

丛书主持　陈　静

　　科学元典是科学史和人类文明史上划时代的丰碑，是人类文化的优秀遗产，是历经时间考验的不朽之作。它们不仅是伟大的科学创造的结晶，而且是科学精神、科学思想和科学方法的载体，具有永恒的意义和价值。

科学元典丛书

巴斯德发酵生理学

The Physiological Theory of Fermentation

[法] 巴斯德　著　沈昭文　译

北京大学出版社
PEKING UNIVERSITY PRESS

图书在版编目（CIP）数据

巴斯德发酵生理学 /（法）巴斯德著；沈昭文译.

北京：北京大学出版社，2024.12. -- (科学元典丛书).

ISBN 978-7-301-35665-4

Ⅰ. TQ920.1

中国国家版本馆 CIP 数据核字第 2024HX9326 号

THE PHYSIOLOGICAL THEORY OF FERMENTATION

By Louis Pasteur

In THE HARVARD CLASSICS, VOLUME 38

New York: P. F. Collier & Son Corporation，1910

书　　　名	巴斯德发酵生理学
	BASIDE FAJIAO SHENGLIXUE
著作责任者	［法］巴斯德 著　沈昭文 译
丛 书 策 划	周雁翎
丛 书 主 持	陈　静
责 任 编 辑	郭　莉
标 准 书 号	ISBN 978-7-301-35665-4
出 版 发 行	北京大学出版社
地　　　址	北京市海淀区成府路 205 号　100871
网　　　址	http://www.pup.cn　　新浪微博：@ 北京大学出版社
微信公众号	通识书苑（微信号：sartspku）科学元典（微信号：kexueyuandian）
电 子 邮 箱	编辑部 jyzx@pup.cn　　总编室 zpup@pup.cn
电　　　话	邮购部 010-62752015　发行部 010-62750672　编辑部 010-62707542
印 刷 者	北京中科印刷有限公司
经 销 者	新华书店
	787 毫米 ×1092 毫米　16 开本　9.75 印张　彩插 8　180 千字
	2024 年 12 月第 1 版　2024 年 12 月第 1 次印刷
定　　　价	59.00 元

弁　言

· *Preface to the Series of the Great Classics in Science* ·

　　这套丛书中收入的著作，是自古希腊以来，主要是自文艺复兴时期现代科学诞生以来，经过足够长的历史检验的科学经典。为了区别于时下被广泛使用的"经典"一词，我们称之为"科学元典"。

　　我们这里所说的"经典"，不同于歌迷们所说的"经典"，也不同于表演艺术家们朗诵的"科学经典名篇"。受歌迷欢迎的流行歌曲属于"当代经典"，实际上是时尚的东西，其含义与我们所说的代表传统的经典恰恰相反。表演艺术家们朗诵的"科学经典名篇"多是表现科学家们的情感和生活态度的散文，甚至反映科学家生活的话剧台词，它们可能脍炙人口，是否属于人文领域里的经典姑且不论，但基本上没有科学内容。并非著名科学大师的一切言论或者是广为流传的作品都是科学经典。

　　这里所谓的科学元典，是指科学经典中最基本、最重要的著作，是在人类智识史和人类文明史上划时代的丰碑，是理性精神的载体，具有永恒的价值。

一

　　科学元典或者是一场深刻的科学革命的丰碑，或者是一个严密的科学体系的构架，或者是一个生机勃勃的科学领域的基石，或者是一座传播科学文明的灯塔。它们既是昔日科学成就的创造性总结，又是未来科学探索的理性依托。

　　哥白尼的《天体运行论》是人类历史上最具革命性的震撼心灵的著作，它向统治西方思想千余年的地心说发出了挑战，动摇了"正统宗教"学说的天文学基础。伽利略《关于托勒密和哥白尼两大世界体系的对话》以确凿的证据进一步论证了哥白尼学说，更直接地动摇了教会所庇护的托勒密学说。哈维的《心血运动论》以对人类躯体和心灵的双重关怀，满怀真挚的宗教情感，阐述了血液循环理论，推翻了同样统治西方思想千余年、被"正统宗教"所庇护的盖伦学说。笛卡儿的《几何》不仅创立了为后来诞生的微积分提供了工具的解析几何，而且折射出影响万世的思想方法论。牛顿的《自然哲学之数学原理》标志着17世纪科学革命的顶点，为后来的工业革命奠定了科学基础。分别以惠更斯的《光论》与牛顿的《光学》为代表的波动说与微粒说之间展开了长达200余年的论战。拉瓦锡在《化学基础论》中详尽论述了氧化理论，推翻了统治化学百余年之久的燃素理论，这一智识壮举被公认为历史上最自觉的科学革命。道尔顿的《化学哲学新体系》奠定了物质结构理论的基础，开创了科学中的新时代，使19世纪的化学家们有计划地向未知领域前进。傅立叶的《热的解析理论》以其对热传导问题的精湛处理，突破了牛顿的《自然哲学之数学原理》所规定的理论力学范围，开创了数学物理学的崭新领域。达尔文《物种起源》中的进化论思想不仅在生物学发展到分子水平的今天仍然是科学家们阐释的对象，而且100多年来几乎在科学、社会和人文的所有领域都在施展它有形和无形的影响。《基因论》揭示了孟德尔式遗传性状传递机理的物质基础，把生命科学推进到基因水平。爱因斯坦的《狭义与广义相对论浅说》和薛定谔的《关于波动力学的四次演讲》分别阐述了物质世界在高速和微观领域的运动规律，完全改变了自牛顿以来的世界观。魏格纳的《海陆的起源》提出了大陆漂移的猜想，为当代地球科学提供了新的发展基点。维纳的《控制论》揭示了控制系统的反馈过程，普里戈金的《从存在到演化》发现了系统可能从原来无序向新的有序态转化的机制，二者的思想在今天的影响已经远远超越了自然科学领域，影响到经济学、社会学、政治学等领域。

科学元典的永恒魅力令后人特别是后来的思想家为之倾倒。欧几里得的《几何原本》以手抄本形式流传了1800余年，又以印刷本用各种文字出了1000版以上。阿基米德写了大量的科学著作，达·芬奇把他当作偶像崇拜，热切搜求他的手稿。伽利略以他的继承人自居。莱布尼兹则说，了解他的人对后代杰出人物的成就就不会那么赞赏了。为捍卫《天体运行论》中的学说，布鲁诺被教会处以火刑。伽利略因为其《关于托勒密和哥白尼两大世界体系的对话》一书，遭教会的终身监禁，备受折磨。伽利略说吉尔伯特的《论磁》一书伟大得令人嫉妒。拉普拉斯说，牛顿的《自然哲学之数学原理》揭示了宇宙的最伟大定律，它将永远成为深邃智慧的纪念碑。拉瓦锡在他的《化学基础论》出版后5年被法国革命法庭处死，传说拉格朗日悲愤地说，砍掉这颗头颅只要一瞬间，再长出这样的头颅 100 年也不够。《化学哲学新体系》的作者道尔顿应邀访法，当他走进法国科学院会议厅时，院长和全体院士起立致敬，得到拿破仑未曾享有的殊荣。傅立叶在《热的解析理论》中阐述的强有力的数学工具深深影响了整个现代物理学，推动数学分析的发展达一个多世纪，麦克斯韦称赞该书是"一首美妙的诗"。当人们咒骂《物种起源》是"魔鬼的经典""禽兽的哲学"的时候，赫胥黎甘做"达尔文的斗犬"，挺身捍卫进化论，撰写了《进化论与伦理学》和《人类在自然界的位置》，阐发达尔文的学说。经过严复的译述，赫胥黎的著作成为维新领袖、辛亥精英、"五四"斗士改造中国的思想武器。爱因斯坦说法拉第在《电学实验研究》中论证的磁场和电场的思想是自牛顿以来物理学基础所经历的最深刻变化。

在科学元典里，有讲述不完的传奇故事，有颠覆思想的心智波涛，有激动人心的理性思考，有万世不竭的精神甘泉。

二

按照科学计量学先驱普赖斯等人的研究，现代科学文献在多数时间里呈指数增长趋势。现代科学界，相当多的科学文献发表之后，并没有任何人引用。就是一时被引用过的科学文献，很多没过多久就被新的文献所淹没了。科学注重的是创造出新的实在知识。从这个意义上说，科学是向前看的。但是，我们也可以看到，这么多文献被淹没，也表明划时代的科学文献数量是很少的。大多数科学元典不被现代科学文献所引用，那是因为其中的知识早已成为科学中无须证明的常识了。即使这样，科学经典也会因为其中思想的恒久意义，而像人文领域里的经典一样，具有永恒的阅读价值。于是，科学经典就被一编再编、一印再印。

早期诺贝尔奖得主奥斯特瓦尔德编的物理学和化学经典丛书"精密自然科学经典"从 1889 年开始出版，后来以"奥斯特瓦尔德经典著作"为名一直在编辑出版，有资料说目前已经出版了 250 余卷。祖德霍夫编辑的"医学经典"丛书从 1910 年就开始陆续出版了。也是这一年，蒸馏器俱乐部编辑出版了 20 卷"蒸馏器俱乐部再版本"丛书，丛书中全是化学经典，这个版本甚至被化学家在 20 世纪的科学刊物上发表的论文所引用。一般把 1789 年拉瓦锡的化学革命当作现代化学诞生的标志，把 1914 年爆发的第一次世界大战称为化学家之战。奈特把反映这个时期化学的重大进展的文章编成一卷，把这个时期的其他 9 部总结性化学著作各编为一卷，辑为 10 卷"1789—1914 年的化学发展"丛书，于 1998 年出版。像这样的某一科学领域的经典丛书还有很多很多。

科学领域里的经典，与人文领域里的经典一样，是经得起反复咀嚼的。两个领域里的经典一起，就可以勾勒出人类智识的发展轨迹。正因为如此，在发达国家出版的很多经典丛书中，就包含了这两个领域的重要著作。1924 年起，沃尔科特开始主编一套包括人文与科学两个领域的原始文献丛书。这个计划先后得到了美国哲学协会、美国科学促进会、美国科学史学会、美国人类学协会、美国数学协会、美国数学学会以及美国天文学学会的支持。1925 年，这套丛书中的《天文学原始文献》和《数学原始文献》出版，这两本书出版后的 25 年内市场情况一直很好。1950 年，沃尔科特把这套丛书中的科学经典部分发展成为"科学史原始文献"丛书出版。其中有《希腊科学原始文献》《中世纪科学原始文献》和《20 世纪（1900—1950 年）科学原始文献》，文艺复兴至 19 世纪则按科学学科（天文学、数学、物理学、地质学、动物生物学以及化学诸卷）编辑出版。约翰逊、米利肯和威瑟斯庞三人主编的"大师杰作丛书"中，包括了小尼德勒编的 3 卷"科学大师杰作"，后者于 1947 年初版，后来多次重印。

在综合性的经典丛书中，影响最为广泛的当推哈钦斯和艾德勒 1943 年开始主持编译的"西方世界伟大著作丛书"。这套书耗资 200 万美元，于 1952 年完成。丛书根据独创性、文献价值、历史地位和现存意义等标准，选择出 74 位西方历史文化巨人的 443 部作品，加上丛书导言和综合索引，辑为 54 卷，篇幅 2500 万单词，共 32000 页。丛书中收入不少科学著作。购买丛书的不仅有"大款"和学者，而且还有屠夫、面包师和烛台匠。迄 1965 年，丛书已重印 30 次左右，此后还多次重印，任何国家稍微像样的大学图书馆都将其列入必藏图书之列。这套丛书是 20 世纪上半叶在美国大学兴起而后扩展到全社会的经典著作研读运动的产物。这个时期，美国一些大学的寓所、校园和酒吧里都能听到学生讨论古典佳作的声音。有的大学要求学生必须深研 100 多部名著，甚至在教学中不得使用最新的实验设备，而是借助历史上的科学大师所使用的方法和仪器复制品去再现划时代的著名实验。至 20 世纪 40 年代末，美国举办古典名著学习班的城市达 300 个，学员 50000 余众。

相比之下，国人眼中的经典，往往多指人文而少有科学。一部公元前 300 年左右古希腊人写就的《几何原本》，从 1592 年到 1605 年的 13 年间先后 3 次汉译而未果，经 17 世纪初和 19 世纪 50 年代的两次努力才分别译刊出全书来。近几百年来移译的西学典籍中，成系统者甚多，但皆系人文领域。汉译科学著作，多为应景之需，所见典籍寥若晨星。借 20 世纪 70 年代末举国欢庆"科学春天"到来之良机，有好尚者发出组译出版"自然科学世界名著丛书"的呼声，但最终结果却是好尚者抱憾而终。20 世纪 90 年代初出版的"科学名著文库"，虽使科学元典的汉译初见系统，但以 10 卷之小的容量投放于偌大的中国读书界，与具有悠久文化传统的泱泱大国实不相称。

我们不得不问：一个民族只重视人文经典而忽视科学经典，何以自立于当代世界民族之林呢？

三

科学元典是科学进一步发展的灯塔和坐标。它们标识的重大突破，往往导致的是常规科学的快速发展。在常规科学时期，人们发现的多数现象和提出的多数理论，都要用科学元典中的思想来解释。而在常规科学中发现的旧范型中看似不能得到解释的现象，其重要性往往也要通过与科学元典中的思想的比较显示出来。

在常规科学时期，不仅有专注于狭窄领域常规研究的科学家，也有一些从事着常规研究但又关注着科学基础、科学思想以及科学划时代变化的科学家。随着科学发展中发现的新现象，这些科学家的头脑里自然而然地就会浮现历史上相应的划时代成就。他们会对科学元典中的相应思想，重新加以诠释，以期从中得出对新现象的说明，并有可能产生新的理念。百余年来，达尔文在《物种起源》中提出的思想，被不同的人解读出不同的信息。古脊椎动物学、古人类学、进化生物学、遗传学、动物行为学、社会生物学等领域的几乎所有重大发现，都要拿出来与《物种起源》中的思想进行比较和说明。玻尔在揭示氢光谱的结构时，提出的原子结构就类似于哥白尼等人的太阳系模型。现代量子力学揭示的微观物质的波粒二象性，就是对光的波粒二象性的拓展，而爱因斯坦揭示的光的波粒二象性就是在光的波动说和微粒说的基础上，针对光电效应，提出的全新理论。而正是与光的波动说和微粒说二者的困难的比较，我们才可以看出光的波粒二象性学说的意义。可以说，科学元典是时读时新的。

除了具体的科学思想之外，科学元典还以其方法学上的创造性而彪炳史册。这些方法学思想，永远值得后人学习和研究。当代诸多研究人的创造性的前沿领域，如认知心理学、科学哲学、人工智能、认知科学等，都涉及对科学大师的研究方法的研究。一些科学史学家以科学元典为基点，把触角延伸到科学家的信件、实验室记录、所属机构的档案等原始材料中去，揭示出许多新的历史现象。近二十多年兴起的机器发现，首先就是对科学史学家提供的材料，编制程序，在机器中重新做出历史上的伟大发现。借助于人工智能手段，人们已经在机器上重新发现了波义耳定律、开普勒行星运动第三定律，提出了燃素理论。萨伽德甚至用机器研究科学理论的竞争与接受，系统研究了拉瓦锡氧化理论、达尔文进化学说、魏格纳大陆漂移说、哥白尼日心说、牛顿力学、爱因斯坦相对论、量子论以及心理学中的行为主义和认知主义形成的革命过程和接受过程。

除了这些对于科学元典标识的重大科学成就中的创造力的研究之外，人们还曾经大规模地把这些成就的创造过程运用于基础教育之中。美国几十年前兴起的发现法教学，就是在这方面的尝试。近二十多年来，兴起了基础教育改革的全球浪潮，其目标就是提高学生的科学素养，改变片面灌输科学知识的状况。其中的一个重要举措，就是在教学中加强科学探究过程的理解和训练。因为，单就科学本身而言，它不仅外化为工艺、流程、技术及其产物等器物形态，直接表现为概念、定律和理论等知识形态，更深蕴于其特有的思想、观念和方法等精神形态之中。没有人怀疑，我们通过阅读今天的教科书就可以方便地学到科学元典著作中的科学知识，而且由于科学的进步，我们从现代教科书上所学的知识甚至比经典著作中的更完善。但是，教科书所提供的只是结晶状态的凝固知识，而科学本是历史的、创造的、流动的，在这历史、创造和流动过程之中，一些东西蒸发了，另一些东西积淀了，只有科学思想、科学观念和科学方法保持着永恒的活力。

然而，遗憾的是，我们的基础教育课本和科普读物中讲的许多科学史故事不少都是误讹相传的东西。比如，把血液循环的发现归于哈维，指责道尔顿提出二元化合物的元素原子数最简比是当时的错误，讲伽利略在比萨斜塔上做过落体实验，宣称牛顿提出了牛顿定律的诸数学表达式，等等。好像科学史就像网络上传播的八卦那样简单和耸人听闻。为避免这样的误讹，我们不妨读一读科学元典，看看历史上的伟人当时到底是如何思考的。

现在，我们的大学正处在席卷全球的通识教育浪潮之中。就我的理解，通识教育固然要对理工农医专业的学生开设一些人文社会科学的导论性课程，要对人文社会科学专业的学生开设一些理工农医的导论性课程，但是，我们也可以考虑适当跳出专与博、文与理的关系的思考路数，对所有专业的学生开设一些真正通而识之的综合性课程，或者倡导这样的阅读活动、讨论活动、交流活动甚至跨学科的研究活动，发掘文化遗产、分享古典智慧、继承高雅传统，把经典与前沿、传统与现代、创造与继承、现实与永恒等事关全民素质、民族命运和世界使命的问题联合起来进行思索。

我们面对不朽的理性群碑，也就是面对永恒的科学灵魂。在这些灵魂面前，我们不是要顶礼膜拜，而是要认真研习解读，读出历史的价值，读出时代的精神，把握科学的灵魂。我们要不断吸取深蕴其中的科学精神、科学思想和科学方法，并使之成为推动我们前进的伟大精神力量。

任定成

2005 年 8 月 6 日

北京大学承泽园迪吉轩

巴斯德（Louis Pasteur，1822—1895），法国微生物学家、化学家，
微生物学的重要奠基人。

▲ 巴斯德的出生地——多勒，图为多勒的昔日与今日风景。

◀ 巴斯德的父亲让·约瑟夫和母亲让娜（巴斯德绘于 1842 年、1836 年）。青年时期的巴斯德热爱绘画。

▼ 阿尔布瓦市景。巴斯德在阿尔布瓦度过了小学和中学时光。

◀ 巴黎高等师范学校大门。巴黎高等师范学校是世界上最著名的大学之一。1843 年，巴斯德以第四名的成绩考入这里。1846 年毕业后留校工作，同时做研究和撰写博士论文。1849 年离开，1857 年又重回这里，从事教学和科研。

▲ 在巴黎高等师范学校读书期间的巴斯德。

▶ 巴斯德 1847 年在巴黎高等师范学校完成的化学论文《亚砷酸饱和量的研究——关于亚砷酸钾、亚砷酸铵的研究》。

▼ 斯特拉斯堡大学主楼。1849 年，巴斯德被任命为斯特拉斯堡大学助理教授，继续晶体结构的研究。在这里，他邂逅了该校校长劳伦特的女儿玛丽。几个月后，玛丽成了巴斯德的妻子。

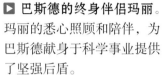
◀ 在斯特拉斯堡大学任教期间的巴斯德（1852）。

▶ 巴斯德的终身伴侣玛丽。玛丽的悉心照顾和陪伴，为巴斯德献身于科学事业提供了坚强后盾。

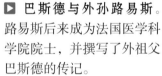
◀ 巴斯德夫妇的孩子们。从左到右分别是让·巴普蒂斯特、塞西尔和玛丽·路易丝。

▶ 巴斯德与外孙路易斯。路易斯后来成为法国医学科学院院士，并撰写了外祖父巴斯德的传记。

◀ 巴斯德晚年与家人在一起。前排从左至右分别是：巴斯德的夫人玛丽、外孙路易斯、巴斯德、外孙女卡米耶。后排从左至右分别是：巴斯德的侄子洛朗、女婿勒内·瓦勒里-拉多和女儿玛丽·路易丝。

▲ 里尔第一大学校园风光。1854—1857 年，巴斯德调任里尔理学院（后来的里尔第一大学）教授兼教务长。在这期间，巴斯德开始了关于发酵的研究。

◀ 巴斯德在啤酒发酵实验中使用的显微镜和其他设备。

▶ 巴斯德关于啤酒和葡萄酒发酵的研究著作。

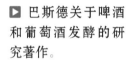

▶ 巴斯德在实验室里（阿尔伯特·埃德尔费尔特绘）。这是巴斯德最为人所熟知的一幅画像。他手持的玻璃瓶中，悬挂着正进行干燥处理的兔子脊髓。这是巴斯德研制狂犬病疫苗过程中一个关键的研究环节。

巴斯德在晶体结构研究、发酵研究、蚕病研究、炭疽病研究及狂犬病疫苗研制等多个方面都做出了重要发现，造福广大民众，也收获了世界声誉。

◀ **巴斯德研究所落成典礼。** 巴斯德研究所在法国科学院的授权和支持下成立。1887 年研究所成立时，共收到世界各地捐款超过 258 万法郎，法国国会也拨款 20 万法郎。1888 年，巴斯德研究所落成。1888—1895 年，巴斯德任巴斯德研究所所长。自 1907 年起，在巴斯德研究所工作的科学家中，共有 8 人获得诺贝尔生理学或医学奖。

▽ **今日的巴斯德研究所。** 如今，巴斯德研究所已经是由位于数十个国家的研究机构组成的国际研究网络。

▽ **巴斯德 70 岁寿辰庆祝大会现场。** 1892 年 12 月 27 日，法国科学院在索邦大学召开巴斯德 70 岁寿辰庆祝大会。可容纳 2500 人的大剧院座无虚席，到场道贺的有各国国务大臣、外交使团成员、科学家和文学家。巴斯德在总统卡诺的搀扶下步入会场。

▲ 巴斯德的葬礼。1895 年 9 月 28 日,巴斯德在家中去世,终年 73 岁。他的葬礼为国葬规格,在巴黎圣母院举行。

◀ 巴斯德墓。巴斯德和夫人共眠的拜占庭式墓穴位于巴斯德研究所的地下室。墓穴的天花板和墙壁上装饰着马赛克壁画,描绘了巴斯德的各种突破性发现。

▶ 巴斯德与拿破仑(上)、戴高乐(右下)。在各种调查中,法国民众常将巴斯德视为除拿破仑或戴高乐之外的法国"第二伟人"。

▼ 巴斯德博物馆中陈列着法国和世界其他国家授予巴斯德的各种荣誉勋章。

▲ 巴斯德站。巴斯德站是巴黎的一个地铁站。意大利米兰地铁也有巴斯德站。

▲ 位于巴黎布勒特伊广场的巴斯德纪念雕像。

▲ 位于巴黎的巴斯德大道景色（明信片）。世界多个国家都有以巴斯德命名的街道、医院、大学、中学。

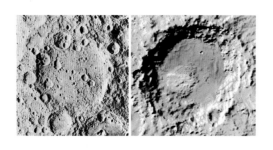

◀ 月球上的巴斯德环形山（左）与火星上的巴斯德撞击坑（右）。

世界各地发行了大量的巴斯德纪念邮票，这里展示的只是其中微不足道的一小部分。不同肤色、种族、语言的人民，都以自己的方式纪念巴斯德给这个世界带来的改变。

目　录

导　读

门大鹏

（中国科学院微生物研究所）

· *Introduction to Chinese Version* ·

首先要扪心自问：我在学习上做了些什么？随着日益长进，自问：我为祖国做了些什么？终有那一天，当你想到自己在某些方面为人类进步、为人类福利做出了贡献，你会感到无比幸福。

——巴斯德

位于美国芝加哥的巴斯德纪念雕像

位于美国加州的巴斯德纪念雕像

位于加拿大魁北克大学的巴斯德纪念雕像

位于印度的巴斯德纪念雕像

位于法国圣米歇尔广场的巴斯德纪念雕像

位于法国索邦大学的巴斯德纪念雕像

位于法国阿尔布瓦的巴斯德纪念雕像

位于法国里尔的巴斯德纪念雕像

位于法国阿莱斯的巴斯德纪念雕像

生平和事迹

路易·巴斯德出生在法国东部的多勒市。路易·巴斯德的父亲让·约瑟夫·巴斯德曾于1811年应征入伍，1814年升为军士长，曾获荣誉军团勋章。他退役后从事制革（鞣皮）生意，1815年与让娜·艾蒂安内特结婚。婚后他们迁居多勒市。第一个孩子出生后不久就夭折了。1818年生了一个女儿。1822年12月27日，路易·巴斯德出生。后来让·约瑟夫·巴斯德夫妇又生了两个儿女。为继承岳母的遗产，让·约瑟夫·巴斯德带着家人迁居到马尔诺。没多久，又在阿尔布瓦市租了一所房子，仍从事制革（鞣皮）行业。

1829—1831年，路易·巴斯德在阿尔布瓦中学附小读书。毕业后进入阿尔布瓦中学。1838年10月底去巴黎，准备大学入学资格考试，由于思家心切，11月返回阿尔布瓦中学读书。阿尔布瓦中学没有自然科学课，1839年巴斯德便进入弗朗什－孔泰地区的贝藏松中学，准备巴黎高等师范学校的考试。1840年暑假过后，校长雷佩考聘请巴斯德担任辅导教师。1842年8月，巴斯德去第戎大学参加理科入学考试，成绩不理想。随后他又参加了巴黎高等师范学校的入学考试，在25名考生中名列第15名。他认为名次太低，准备第二年再考。1843年，巴斯德以第四名的成绩进入巴黎高等师范学校。

1846年，巴斯德在巴黎高等师范学校毕业，留校当实验室管理员，同时撰写博士论文，主攻晶体结构。1849—1854年，巴斯德在斯

◀ 位于世界各地的巴斯德纪念雕像

特拉斯堡大学任化学教授，继续研究晶体学。1853 年，鉴于巴斯德在晶体学研究方面的成就，法国科学院授予他荣誉军团勋章。1854—1857 年，巴斯德出任里尔理学院教授兼教务长，研究乳酸发酵和酒精发酵，由于做出特殊贡献，1860 年获法国科学院的实验生理学奖。1857—1867 年，巴斯德任巴黎高等师范学校行政副校长兼理科主任，研究丁酸发酵和醋酸发酵，在此期间开始与"自然发生说"展开长期论争。1862 年，巴斯德当选为法国科学院院士。1867—1874 年，巴斯德任巴黎大学化学教授，研究和解决蚕微粒子病。1873 年当选为法国医学科学院院士。1867—1888 年，他兼任巴黎高等师范学校物理化学实验室主任，提出发酵理论，又研制成功羊炭疽病、鸡霍乱、猪霍乱、狂犬病疫苗。1881 年获法国农艺师协会授予的荣誉勋章、法国政府授予的荣誉军团大勋章。1886 年获俄国圣安娜十字勋章。1888 年巴斯德研究所成立，他担任所长，直至 1895 年逝世。

学术成就

晶体结构的研究

巴斯德的第一项研究工作是对晶体结构的研究。1770 年，瑞典化学家舍勒（Scheele）在葡萄酒桶中叫作"酒石"的硬皮里发现了酒石酸，它在医药和染料工业中有着重要的用途，其结晶体具有旋光性，即能使偏振光的振动面发生旋转的性能。1820 年，实业家凯斯特纳在设在唐恩的酒厂制造酒石酸时，发现了副酒石酸。1828 年，化学家盖-吕萨克（Gay-Lussac）提议命名副酒石酸为外消旋酸，确定这种酸在化学成分上与酒石酸相同。由于盖-吕萨克提出副酒石酸结构上的异构性概念，这种化合物变得重要了。毕奥（J. Biot）和米切尔里希（E. Mitscherlich）确定，酒石酸及其衍生物溶液旋光向右，而外消旋酸及其衍生物溶液对旋光没有影响。1844 年，米切尔里希在一篇简报中提出，酒石酸和副酒石酸的铵钠盐在结晶形状和原子排列方面是相同的，而光学活性却相反。

1846 年，巴斯德在巴黎高等师范学校毕业后，巴拉尔（A. Balard）把他留下来当化学实验室管理员，并同时做博士论文。巴斯德与劳伦特（A. Laurent）合作，对结晶学的某些理论进行检验。这对巴斯德以后从事光学活性研究是有一定影响的。他的化学论文是《亚砷酸饱和量的研究——关于亚砷酸钾、亚砷酸铵的研究》，物理论文是《关于液体旋光偏振现象的研究》。这些早期的研究工作，让巴斯德掌握了研究化合物的光学活性的基本方法，并提出了一些设想。

巴斯德把酒石酸分为两类结晶。第一类为酒石酸和酒石酸盐的结晶，其上有细小的晶面，这些晶面只存在于半数结晶的棱和相似的角上，形成半面晶形。这类晶体的映象不能与结晶体本身重合。酒石酸盐的偏振光之所以向右，巴斯德认为与分子的内部结构有关，形态上的不对称，与分子的不对称是相一致的。第二类结晶是在研究副酒石酸中发现的特殊的结晶，某些晶体的面向右，某些晶体的面向左。巴斯德把结晶面向右的拣放在一起，把结晶面向左的拣放在一起。将等量的两种晶体溶液混合后，用旋光仪观察，发现溶液没有光学活性，方向相反的偏振光恰好相互抵消。巴斯德将左旋结晶和右旋结晶送给毕奥检查，得到了毕奥的肯定。左旋结晶和右旋结晶是在粗酒石酸精制留下的母液中得到的。那么能不能用酒石酸来制备外消旋酸呢？1853 年巴斯德告诉毕奥，他用人工转换的方法，由酒石酸制备出外消旋酸，同时还得到中性的、不旋光的酒石酸。至此，巴斯德共发现了

4 种不同的酒石酸，即右旋酒石酸、左旋酒石酸、左旋和右旋结合的外消旋酸，以及不旋光的酒石酸。1853 年，法国科学院授予巴斯德荣誉军团勋章，以表彰他在晶体学上所做出的贡献。

1849 年，巴斯德被任命为斯特拉斯堡大学的助理教授。他给学院院长劳伦特（M. Laurent）写信，向他的女儿玛丽求婚。巴斯德的父亲也特地来到斯特拉斯堡提亲。巴斯德于该年 5 月结婚。巴斯德和玛丽的前三个女儿都没活到成年。巴斯德和玛丽的儿子叫让·巴普蒂斯特，生于 1851 年。第四个女儿叫玛丽·路易丝，生于 1858 年，后来和巴斯德的学生瓦勒里 - 拉多（Vallery-Radot）结婚。玛丽不仅是一位善良的妻子，也是巴斯德的得力秘书。

乳酸发酵

1854 年 9 月，巴斯德被任命为法国北部的里尔理学院教授兼教务长。1856 年的夏天，制酒商比戈（M. Bigo）去找巴斯德，说他的甜菜糖发酵酒精出了毛病，糖液变酸了。巴斯德当时并不懂得发酵。由于他研究过结晶学，便用显微镜检查从工厂里取回的变酸和不变酸的样品：在不变酸的样品中，可以看到成簇的酵母菌；在变酸的样品中，看到的却是比酵母小得多的小球，呈单独或不规则排列的群体。巴斯德把这种球状物叫作乳酸酵母，也叫作酵素。现在我们知道这种球状物是乳酸链球菌。他把酵母菌接种到含有酵母浸出物和糖液的试管里，培养后产生了典型的酒精发酵；把变酸样品中的沉淀物接种到含酵母浸出物、糖液和碳酸钙的试管里，培养后的产物不是酒精，而是乳酸。那时已经有了测定乳酸的方法，可以得知在变酸的糖液里含有大量的乳酸，在不变酸的糖液里则没有乳酸。同时，在变酸的糖液中，用显微镜检查，看到的小球与接种到糖液中的小球一样，并且能够繁殖，是活的生物。巴斯德把两种发酵与两种形态上不同的生物联系了起来，摒弃了当时认为发酵是纯粹化学不稳定性的看法。1857年，在《关于乳酸的记录》一文中，巴斯德提出了全新的发酵理论，认为发酵的真正原因是微生物。在这篇论文中，他用改变添加到培养基中碳酸钙量的方法，第一次证明了pH对微生物代谢的影响。这篇论文被公认为经典著作，它不仅使人们认识了发酵的本质，还建立了传染病由特定病因引起的概念。巴斯德在该论文中还提出了配制培养基的基本原理，涉及碳源、氮源、盐类、维生素和pH等。这篇论文为现代微生物学和微生物化学奠定了基础，使微生物学由推测、观察阶段，发展到培养阶段。

酒精发酵

1835年和1837年，法国人拉图尔（C. Latour）在论文中提出：葡萄发酵最后沉淀的是酵母菌，通过出芽进行繁殖，它们不是简单的化学物质或有机物质。由于酵母菌生长，糖被分解，产生乙醇和二氧化碳。当时贝采里乌斯（J. Berzelius）认为，拉图尔所看到的不过是与植物生命简单形态相似的形态，但形态并不能构成生命。德国化学家李比希（J. Liebig）认为，酵素是容易变质的有机物，具有生命的酵母菌变质后死的部分对糖起了作用，以此来反对巴斯德提出的新理论。

1857年，巴斯德调往巴黎高等师范学校，任行政副校长兼理科主任，继续从事酒精发酵的研究。在培养酵母菌的实验中，有一次他偶然没有在培养基中加入酵母浸出物，却加了酒石酸铵。接种酵母菌后，酵母菌生长繁殖了。接着巴斯德对发酵液中的酒石酸铵进行测定，发现铵盐减少了，即被酵母菌利用了。进一步的实验证明，酵母菌在没有糖和氮源的条件下不能生长；在只有糖的培养基中，酵母可以发酵，但不能繁殖；在加有糖和氮源（酵母浸出物或铵盐）的培养基中，酵母菌可以发酵，也能够进行繁殖。他于1857年12月向法国科学院提交了论述酒精发酵的论文。巴斯德得出的结论是：没有活的酵母菌参与，糖绝不会进行酒精发酵。这说明了有生命的酵母菌和糖发酵为酒精之间的因果关系。此后巴斯德研究了氧气对酵母菌生长和酒精发酵的影响：在有氧时，酵母菌生长旺盛，产生一份酵母菌体要消耗8～10份的糖；在无氧时，酵母繁殖菌体的量变少，产生一份酵母菌体要消耗60～80份的糖，同时产生大量的酒精。这一工作开创了用定量方法研究微生物代谢的先河。酵母菌发酵糖，除产生酒精和二氧化碳外，巴斯德还测出产有甘油、琥珀酸，此外还有他测定不了的其他产物。

由于巴斯德在研究酒精发酵和乳酸发酵上做出了杰出的贡献，法国科学院于1860年授予他实验生理学奖。

不需要氧气的生物

用酒精发酵时，酸败的菌体有时产生乳酸，有时产生的却是其他的产物，并具有像腐败牛油的臭味。用显微镜检查时，看到的不是小球状的生物，而是大的杆状微生物。有人因此向巴斯德提出了责难。巴斯德在研究这一现象过程中，用显微镜检查时发现，发酵液中的杆菌运动活泼，在液滴的边缘则不运动了。对这一现象的进一步研究证明，是氧气把杆菌杀死了。把这种杆菌放在绝对无氧的条件下，它便能活泼运动，进行生长和繁殖。1861年巴斯德向法国科学院报告了这一现象。早在一百年前，斯帕兰札尼（L. Spallanzani）在和尼达姆（F. J. Needham）关于自然发生说的论战中，曾发现过厌氧微生物。但使厌氧微生物在微生物当中具有普遍意义的是巴斯德。他所研究的这种厌氧发酵是丁酸发酵。

醋酸发酵和制醋

在 1861 年巴斯德就开始研究醋酸发酵和制醋了。他发表了许多将理论和工业生产相联系的论文。那时对醋酸发酵已有了深入研究，了解了酒精经氧化生成醋酸的化学催化过程。这一概念与德国制醋的方法相同。巴斯德研究醋酸发酵后发现，微生物对发酵是重要的，由酒转变为醋是由醋酸酿酵母（醋酸菌）完成的。醋酸菌在发酵液表面形成菌膜，有时平滑，有时有皱纹，摸上去有滑腻的感觉。醋酸菌的生长需要空气，否则就会死去。这种微生物从空气中吸取氧，把酒精氧化为醋酸。在发酵过程中，醋酸菌占优势，醋化便可成功。如染有杂菌，醋化就会失败。在醋化完成之后，如果醋酸菌继续进行氧化，醋酸便进一步氧化为二氧化碳和水。这就给制醋业带来了危害。

为了防止杂菌污染和醋酸菌的进一步氧化，巴斯德提出接种醋酸菌，发酵完成之后，用 55℃ 加热的方法抑制醋酸菌和杂菌的活动和生长。用这种方法制醋，可提高产量 3 ～ 5 倍，并大大减少了醋酸的挥发。

1862 年 12 月 8 日，巴斯德当选为法国科学院院士。

酿酒

一百多年前，葡萄酒业是法国的一项重要工业。当时，由于枯叶病蔓延，葡萄酒工业处于非常困难的境地。巴斯德于 1864 年开始研究葡萄酒生产中所遇到的酒病。他走访了葡萄园和酿酒厂，记录了发酵和保存葡萄酒的经验。经过研究，巴斯德发现，酒在保存中变质与微生物有关。在实验中，他用加热来控制杂菌的生长。1865 年 5 月 1 日，巴斯德向法国科学院报告了研究结果。在密闭的容器内，将酒加热到 60～100℃，灭菌 1～2 小时，其效果比用化学杀菌剂要好。后来加热的温度改为 50～60℃，灭菌 10 分钟。这一方法即巴氏灭菌法。

用加热灭菌防治葡萄酒的酒病，经两次海运试验，证明是有效的。这一方法给法国带来了亿万法郎的经济效益。1866 年巴斯德出版了一部专著：《关于酒、酒的变质以及引起酒变质原因的研究；保存酒和使酒变陈的新方法》。

自然发生说

自然发生说早在公元前就提出来了。这种理论认为生物只能通过自然发生才能产生，时时处处都在进行。对这一学说的争论始于 16 世纪，当时有一部分人认为生物只能由生物而来。在一个时期内，后一种主张占了优势。17 世纪末显微镜发明，并由此发现了微生物，信仰自然发生说的人把这一问题重新提了出来。由于在雨水中和暴露于空气中的有机物的浸出液里，都能观察到极小的生物，一部分科学家便认为这只能用自然发生说来解释。

意大利牧师斯帕兰札尼和英国的尼达姆之间发生了论战。尼达姆认为，经过煮沸然后密封在煮沸容器里的肉汤，可以自然地产生微生物。这一论点得到法国博物学家布丰（G. Buffon）的支持。而斯帕兰札尼反对这一观点。他把肉汤放在预先密封的容器里煮沸，并延长了加热时间。实验证明，只要加热的温度在水的沸点以上，防止加热后外界空气的进入，肉汤就能长久地保存而不产生微生物。

1858 年 12 月，法国科学院院士、鲁昂博物馆馆长普歇（F. Pouchet）向法国科学院提交了一篇题为"人造空气和空气中自然发生的植物和动物原生体小论"（Note on vegetable and animal proto-organisms spontaneonsly generated in artificial air and in oxygen gas）的论文。巴斯德反对这一观点，于是关于自然发生说的论战又开始了。

巴斯德先用德国动物学家施旺（T. Schwann）等人的方法，使吸入容器里的空气先经过塞有棉花的管子，空气中的固体微粒便被棉花吸附，因而棉花变为黑色，把带有固体微粒的棉花浸泡在酵母浸出液中，观察是否有微生物生长。巴斯德在另一个瓶子中装入酵母浸出液，瓶颈密封后加热煮沸。结果第一只瓶子里长了微生物，第二只瓶子里没有微生物。普歇对此提出了反对意见。他认为在煮沸酵母浸出液时，瓶中空气是经加热的，而小动物的生长需要自然的空气。

巴斯德为了证明生物是不能自然发生的，接受了化学家兼药剂师巴拉尔的建议，改进了实验方法，在烧瓶里装进酵母浸出液，瓶颈用火焰加热，拉成天鹅吃食样的小管，管口向下开着。空气中的尘埃不能由下向上飘动，附着在尘埃上的微生物便不能进入烧瓶。但空气还是能进入烧瓶的，带有微生物的尘埃只能黏附在潮湿的管壁上。将酵母浸出液煮沸后，瓶中便没有微生物生长。若将同样处理的烧瓶摇动，使培养液溅到弯曲细长的管壁上，再流回烧瓶。培养后培养基变得混浊，证明了有微生物生长是由于尘埃将其带入。

巴斯德做的第三个实验是他自己设计的。1860 年 5 月，巴斯德用尿和牛乳作培养基进行实验，得出结论，100℃不能彻底杀死空气中的胚芽（germ，现称微菌）。当加热到 110～112℃时，便能杀死所有的胚芽，使尿和牛乳不变质，没有微生物的生长。同年的 9 月和 10 月，巴斯德制作了几百个圆肚烧瓶，瓶中灌入酵母浸出液，在水中煮沸几分钟，把瓶中的空气赶出去。同时用火焰烧熔瓶颈，拉成细长的小管并封住管口。如果折断小管，外界的空气就会带着尘埃进入瓶内，再把管口封住，放在温箱中培养。巴斯德带着一些瓶子，在空气很少流动的巴黎天文台地下室和空气流动的院子里，分别做了这种实验：在地下室的 10 个瓶子中，只有一瓶培养基变混浊；在院子里的实验，所有瓶子里的培养基都变混浊。然后，巴斯德又带着这些瓶子到不同海拔高度的地区做实验：在汝拉高原之麓，10 个瓶子中有 8 个瓶子长了微生物；在海拔 850 米的汝拉山上，10 个瓶子中只有一个瓶子长了微生物；在海拔 2000 米的蒙唐威特山上，20 个瓶子中仅有一个瓶子的培养基变混浊。根据实验结果，巴斯德得出结论说：随着海拔的升高，尘埃的数量越来越少，空气的流动也渐平稳，附着在尘埃上的微生物也越来越少。因之，飘浮于空气中的尘埃是侵入培养基中生物的唯一来源，是培养基变混浊必不可少的条件。巴斯德还提出一个当时未被重视的推论，即如果把这些研究向前推进，将为研究各种疾病的病因铺平道路。

1862 年，法国科学院将阿尔亨伯特奖颁发给了巴斯德，以奖励他提出了具有决定性意义的实验。

与普歇的争论

1863 年夏天，普歇和他的两名合作者乔利（Joly）、马塞特（Musset）按照巴斯德的方法进行了类似的实验。其不同点是，普歇用的培养基是干草浸出液。他们在西班牙的普伦斯做实验，最高海拔达 3000 米。实验结果是，培养基变混浊了，有微生物生长。普歇提出，浸出液中的有机物质仅需要氧气，便可自然地产生有生命的生物。

为了判断双方实验谁是谁非，法国科学院成立了由 5 名院士组成的委员会。这时普歇要求把会期推迟，后来又拒绝当场进行实验。需要指出的是，双方的实验由于使用的材料不同，结果就会不一致。酵母浸出液在 100℃很容易彻底灭菌，而干草浸出液中含有杆菌的芽孢，它们是耐热的，100℃的温度是杀不死的。在 1876 年之后，科恩（F. Cohn）和廷德尔（J. Tyndall）的实验证明，杆菌的芽孢煮几分钟是杀不死的。由于当时的科学水平所限而做出错误的结论，在科学史上是不足为奇的。

蚕微粒子病

1865 年，法国发生了一种流行病，使养蚕业遭受了惨重的损失。上议院议员、巴斯德的老师杜马（Dumas）写信给巴斯德，邀请他去南部养蚕区阿莱斯研究蚕病。巴斯德和他的助手到蚕区进行了调查。用显微镜检查病蚕时发现，蚕体内布满呈球状的病原物。由于病蚕身上呈褐色或黑色的小点，这种病被称为微粒子病。现在我们知道微粒子病的病原是原生动物。

巴斯德根据调查和研究，提出在蚕蛾交配前将公蛾和母蛾成对分开，交配后解剖蚕蛾，镜检蛾的皮下脂肪，看不到小球状的病原物，就可以确定这对蚕是健康的，所产的卵便可孵育新蚕。可是用这种方法选育蚕种，第二年春，春蚕结茧时，仍患了微粒子病。

在以后的研究中，巴斯德的助手杰内斯（Gernez）用病蚕未吃过的桑叶饲养健康的蚕，并结了茧。茧出了蛹，蛹变成了蚕蛾。这些蛾子也是健康的。而把磨碎的病蚕涂抹在桑叶上，用这些桑叶饲养蚕，蚕便患了微粒子病。病蚕变态成为蛾子后，体内所有器官都布满了球状的病原体。由此得出结论，这些球状物是活的，是蚕的病原体，它侵入蛾子身体的各个部位。如果对蛾子身体所有器官都进行检查，找不到病原体的蚕蛾便是健康的，所产的卵就可以用作蚕种。蚕农按照这一办法去做，第二年孵出来的新蚕没有再患微粒子病。巴斯德还提出健康的蚕不要吃病蚕沾污过的桑叶，把健康的蚕与表现出感染微粒子病的蚕群隔离饲养。

1886 年 10 月 19 日，巴斯德因患脑溢血而半身瘫痪。经治疗休养，他又去阿莱斯研究微粒子病。前后共用了 5 年时间，他终于解决了这种蚕病的危害。

关于发酵的争论

1865—1870 年间，巴斯德的发酵理论被广泛地采用。随之而来的是对这一理论的批评。李比希沉默了多年之后，于 1870 年发表了一篇批评巴斯德的论文。巴斯德回答了论文中两个主要问题：一是在没有有机氮源的培养基中，酵母能够进行酒精发酵；二是醋酸发酵需要醋酸醭酵母（醋酸菌）的转化。巴斯德要求法国科学院成立一个委员会，用实验来证明他的观点。李比希于 1873 年去世，没能接受巴斯德提出的挑战。

法国科学院院士弗雷米（E. Frémy）和植物学家特里考尔（A. Trécul）用"德国的理论"来反对"法国的理论"，争论的问题焦点是氧气在发酵过程中的作用，进而扩大到所有活细胞不需要氧的发酵理论。弗雷米的实验证明葡萄汁与氧气接触对于发酵是重要的。1872 年，巴斯德承认了发酵的真正主角——酵母菌，在它发芽繁殖时需要一些氧气。1876 年，巴斯德用新的方法制备纯的酵母菌，并且强调酵母菌需要少量的氧气来维持它生命力旺盛的"年轻时期"，而萌发可以在无氧条件下进行。这样就要重新讨论氧气在发酵过程中的重要性了。巴斯德认为通气是有益的，但要小心加以控制，特别是不能带入外界的胚芽。

早在 1861 年，巴斯德就叙述过菌体在生长周期中的转变现象。酵母菌在液体表面与空气接触后萌发和繁殖，是由于摄取了氧气和糖及其他物质而取得了能量。以后酵母菌浸入发酵液中，伴随厌氧生活从糖中取得能量，进行酒精发酵，这是酵母发酵的特点。巴斯德研究过丁酸发酵，也研究过青霉菌、曲霉菌和毛霉菌。它们在没有空气和空气少得不足以维持其需氧生活时，便表现酵素的特性。他把积累的事实概括起来，提出微生物的生长在很大程度上随着环境的不同而不同，有时是需氧菌，有时是厌氧菌。这样发酵便不再是孤立的事情，而是一种普遍现象。培养基提供的养分被微生物分解并从中获得能量。

巴斯德在关于发酵的争论中指出了三点具有指导意义的事实：第一，酵素是活的东西；第二，各种发酵各有其特殊的酵素；第三，酵母菌并不是自然产生的。他把发酵学说概括为，发酵是不需要空气的生命活动。

啤酒发酵

在普法战争之后，为了使法国生产的啤酒具有与德国啤酒进行竞争的能力，巴斯德对啤酒发酵进行了研究。

自1860年以来，巴氏灭菌法广泛地用于制酒和制醋。1866年巴斯德发表了关于酒的研究的专著之后，奥地利和德国便加热啤酒至55℃来灭菌。但法国生产的啤酒，主要问题是混浊、发酸和变质。

为了解决啤酒生产中的问题，巴斯德特地去英国啤酒厂进行了考察。在考察中，他发现啤酒的风味不纯与发酵中使用的酵母菌不纯有关。啤酒变质也与污染了杂菌有关。巴斯德返回巴黎后，进行了一系列实验。他发现污染了杂菌的麦芽汁，都含有有害的酵素。而用纯的酵母菌接种，便检查不到杂菌。他将生产出来的啤酒加热到50～55℃，使啤酒不再变质。

研究了啤酒发酵后，巴斯德得出三个结论：第一，无论是麦芽汁或是啤酒出现变质，都是由于杂菌生长造成的；第二，有害的酵素胚芽来自空气、啤酒原料或酿造用的器具；第三，只要啤酒不含活的胚芽，就不会变质。根据研究结果，法国改进了啤酒生产工艺，解决了啤酒生产中出现的种种问题。1876年，巴斯德出版了《啤酒研究》一书。

再次与自然发生说论战

1871年弗雷米、特里考尔和巴斯德在自然发生说上争论的焦点是酒精酵母的起源问题。1876年和1877年，巴斯德与英国医生巴斯蒂恩（H. C. Bastian）就自然发生说又展开了一场争论。

巴斯蒂恩用煮沸过的、加热到120℃的钾溶液中和后的酸性尿做实验。待盛尿的烧瓶冷却后，再加热到50℃，以促使胚芽生长，培养10小时，尿中就长了相当多的细菌。他认为这一实验结果证明生物能自然发生。

巴斯德将做实验所使用的试管、棉花和瓶子放在煤气灶上加热到150～200℃，以消灭空气中的尘埃和洗容器时水留在容器和棉花中的胚芽。再把盛尿瓶子加热到120℃，以杀死尿液中的胚芽。灭菌后的尿液便不能生长微生物。现在使用的高温（121℃）灭菌法，就是在这次争论中产生的。此后，巴斯德建议外科医生用火焰对外科手术器具进行杀菌。

1872年，弗雷米认为酵母菌是在葡萄内产生的，葡萄汁与空气接触后，蛋白质物质转变为酵素。巴斯德对这一论点进行了反驳。在1876年出版的《啤酒研究》一书中，关于酒精酵母发生，他提出了以下几点：①许多酵母菌在形态上和生理特性上彼此不同，不同酵母菌发酵液体后产生的风味及其他品质也不相同；②由胚芽产生的酒精酵母在葡萄串的枝上特别多，葡萄的外部比较少，而空气中更少；③这些胚芽在冬季减少，在未成熟葡萄的外部完全没有；④在葡萄成熟时这些胚芽就增加；⑤这些胚芽需要氧气来维持它们的生活，并有发酵的能力；⑥酵母菌的种是彼此不同的，不能由一个种变为另一个种，也不能成为另一种植物的特殊发育形态。

1878年2月10日，伯纳德（C. Bernard）突然去世。他是巴斯德的好朋友，也是法国科学院院士。伯纳德的遗稿由他的学生贝尔（P. Bert）等人整理后发表。遗稿中的章节标题和目录指出，并不存在不需要空气的生命，酵素并不起源于外来的胚芽，酒精酵母是内源发生的，酒精由一种无生命的可溶性酵素形成……巴斯德认为应该为自己的工作辩护，写了《克洛德·伯纳德发酵遗作批判检验》一文。

巴斯德于当年7月做了三个玻璃房，运到自己在汝拉的葡萄园中。当时葡萄尚未成熟，葡萄表面还没有酵母菌的胚芽。他在密封的玻璃房内，用事先经50℃加热的棉花包上几串葡萄，另有几串不包棉花作为对照。到10月份，巴斯德检查了玻璃房内的葡萄，并把包上棉花和没有包上棉花的葡萄都装入试管，在25～30℃温箱中培养30～40小时，都没有发酵的迹象。而采自邻居葡萄园中的葡萄，经同样处理，出现了酒精发酵。他又做了一个实验，采下几串包有棉花的葡萄，挂在露天的葡萄架上。用这些葡萄进行上述实验也发酵了。

巴斯德于那年的12月给法国科学院写了报告，声称："使我无法理解的是，居然有人相信在酵母菌中发现了可溶性酵素，或发酵酒精可不借助于细胞。但我认为，即使确定了这些可溶性酵素，也丝毫不能改变我的结论。"巴斯德的学生鲁（Roux）回忆说，他曾经看到巴斯德用研钵研磨酵母，想从中提取可溶性酒精酵素，结果没有成功。1897年，巴克纳（E. Buchner）用石英砂和硅藻土研碎酵母菌细胞，得到了无细胞提取液。这种提取液被称为酿酶，可发酵糖生成酒精，即可溶性酵素。

巴斯德与医学

巴斯德认为，如果自己有了医学证书，就可以有权威性地指导对疾病病因的研究。1873 年，一个偶然的机会，医学科学院自由院士部有一个名额空缺，有人提议巴斯德参加竞选，他以一票之多当选。当时医学界正在进行胚芽说、病毒酵素说等与传统观念截然不同的论点的争论。巴斯德在一次演说中回顾了对乳酸、丁酸发酵的研究结论。他指出，在对啤酒变质的研究中发现，啤酒中含有有机酵素的胚芽，那么"疾病与微生物之间存在着关联，是确实无疑的"。

巴斯德的酵素学说使外科医生盖兰（A. Galen）联想到化脓性感染很可能是由于巴斯德所指出的空气中的胚芽所引起的。于是他仿效巴斯德的办法，在动手术时先对空气进行过滤，用石炭酸水或樟脑酒精洗涤伤口，先敷上一层薄的棉花，再覆盖一层厚的棉花，然后包扎起来。他用这种方法于 1871 年 3—6 月在圣路易医院医治巴黎公社的 34 名伤员，存活者达 19 人。当时外科和妇产科的死亡率极高，取得这样的成果可以说是奇迹。

英国医生李斯特（J. Lister）写信给巴斯德，信中说他对胚芽说进行了研究，从而确信腐败起源于胚芽。这一原理使他提出的杀菌方法获得了成功。这一方法经 9 年使用而臻于完善。李斯特在病房用的海绵、器具和其他东西，都事先用石炭酸浓溶液洗过，外科医生和助手们的手也用石炭酸水洗。在手术过程中用喷雾器喷石炭酸水，手术后伤口用石炭酸溶液冲洗，包扎用的纱布等物也要在树脂、石蜡和石炭酸的混合液中浸过，即手术全过程都在无外来杂菌的条件下进行。后来这一方法在法国得以提倡推广。

炭疽病

1876 年，德国医生科赫（R. Koch）开始对炭疽病进行了系统的研究。这种病一度也在法国和俄国流行。法国受害最重的是厄尔－卢瓦尔省的夏尔特尔市一带，每年损失高达两千万法郎。农业部长委托巴斯德研究炭疽病在羊群中暴发的原因，并找出预防和治疗的办法。于是巴斯德转向炭疽病的研究。

巴斯德对炭疽杆菌病原的研究证明，炭疽杆菌与引起败血症的弧菌不同，其毒性来自炭疽杆菌的芽孢。为了找出感染羊群的原因，巴斯德在饲料中加入炭疽杆菌芽孢喂羊，羊群没有发生感染。若在饲料中再加入带刺的植物，如蓟属植物或大麦穗，羊在吃料时带刺的植物会刺破舌头或喉头，结果羊群感染了炭疽病死去。巴斯德据此建议，在埋有死于炭疽病动物尸体或炭疽杆菌芽孢多的地方，必须防止羊群啃食带刺的植物。

深埋在土壤中的炭疽杆菌是怎样返回地表的呢？一天，在圣热尔曼农场，巴斯德看到一块泥土的颜色与附近的泥土颜色不一样，有一堆蚯蚓翻起来的土粒。农场主告诉巴斯德，上一年死于炭疽病的羊就埋在那里。巴斯德解剖蚯蚓发现，在其肠道的土粒中带有炭疽杆菌的芽孢。根据观察，他指出土壤深处的炭疽杆菌芽孢是由于蚯蚓的活动被翻到地表来的。这是羊群感染炭疽杆菌的途径。

1880 年 7 月，图卢兹兽医学校的图森（Toussaint）宣布，他把患炭疽病绵羊的血液脱去纤维素，加热到 55℃，10 分钟后，给羊注射，再注射毒力很强的患炭疽病绵羊的血，没有一头羊感染上炭疽病。巴斯德让他的助手尚贝朗（Chamberland）和鲁设计了一个方案，在得到农业部长同意后，重做了图森的实验。结果表明，图森的加热方法只是减弱了炭疽杆菌的活力，还不足以起到免疫的作用。

巴斯德和他的助手用鸡汁培养基在 42～43℃的温度下培养炭疽杆菌。因为在这样高的温度培养，炭疽杆菌只能生长繁殖，而不能形成芽孢。培养 6、8、10、12、15 天后，分别测定它们的毒力。发现在常温下培养时可以致死 10 头绵羊的菌液，培养 8 天后只能致死 4～5 头绵羊。培养 10 天或 12 天后的菌液便不能致死绵羊，绵羊只表现出轻微的症状。将减了毒的炭疽杆菌放在常温下培养，形成的芽孢再萌发成细胞后，仍是毒力很弱的炭疽杆菌。这样，在一系列的减毒炭疽杆菌中，可以检验出使绵羊、母牛、马只表现轻微症状的菌株。1880年，巴斯德宣布炭疽病人工免疫取得了重大进展。

兽医罗西尼奥（H. Rossignol）建议默隆农学会邀请巴斯德对新的免疫法进行公开试验。1881 年 4 月底，经几方商定，公开试验由罗西尼奥进行安排。农学会提供了 60 头绵羊。按照计划，其中的 15～25 头用减毒炭疽杆菌菌液进行两次免疫接种，间隔期为 12～15 天。几天之后，免疫的和未免疫的绵羊，同时接种毒力强的炭疽杆菌菌液。

5 月 5 日，一行人来到普伊-福特农场，他们中间有兽医、农艺师、医生和药剂师。尚贝朗和鲁对 25 头绵羊和 5 头奶牛进行第一次免疫接种，并分别做了记号。接种后的 1～4 天内，经常测量免疫动物的体温，没有发现任何异常现象。5 月 17 日进行第二次免疫接种，其毒力比第一次强些。接种后也没有发生死亡现象。5 月 31 日对所有试验动物接种了毒力强的菌液。6 月 4 日检查时发现，未进行免疫接种的绵羊都耷拉着头，不愿吃草。进行过免疫接种的绵羊中，有几头体温升高，其中一头体温升到 40℃，另有一头有轻度水肿。这一组试验的绵羊除一头外，食欲正常。全部试验结束时，未经免疫的绵羊死了 22 头，有 2 头正在咽气，还有一头表现出典型炭疽病的症状；免疫过的这组绵羊全都健康，没有发病。罗西尼奥检验了 2 头死去的绵羊，显微镜下看到其血液中含有大量的炭疽杆菌。免疫过的奶牛没有异常表现，未免疫的奶牛表现出严重的水肿。

普伊–福特农场的公开试验引起了极大的轰动。巴斯德向法国科学院报告了试验结果。1881 年，法国农艺师协会授予巴斯德荣誉勋章，法国政府授予巴斯德荣誉军团大勋章，授予尚贝朗和鲁红色绶带。不到一年内，用炭疽杆菌减毒疫苗免疫了几十万头牲畜。巴斯德提出，人们对詹纳的牛痘疫苗中的微生物仍不清楚，而炭疽杆菌减毒疫苗的减毒过程是清楚的。因此，这一成就要大于牛痘疫苗。

1881 年，在日内瓦国际医学代表大会上，德国医生科赫对巴斯德的炭疽杆菌疫苗提出批评。巴斯德要求科赫当场回答他提出的问题。科赫则要求做完实验后再予答复。由于两个人的教育背景不同，实验中使用的培养基也不一样，科赫发现巴斯德的疫苗不纯，污染有其他微生物。在给巴斯德的回复中，科赫肯定了减毒炭疽杆菌疫苗的发明，但由于疫苗不纯，对其免疫效果持怀疑态度。1882 年年底，炭疽杆菌疫苗在德国开始应用。科赫对其实用价值仍持不同看法。1894 年，尚贝朗报告说，疫苗已免疫了 340 万头羊和 43.8 万头牛，总有效率达 99%，死亡率为 0.3% ～ 1%。

1883 年，法国内阁提议，作为国家褒奖，把 1874 年起巴斯德的 1.2 万法郎年薪，增加到 2.5 万法郎，并成立一个委员会，对巴斯德的贡献做出评价。报告起草人贝尔写道：

"巴斯德的贡献主要是三项伟大的发现：第一，每种发酵都是一种特殊微生物的生命活动的结果；第二，各种传染病都是一种特殊微生物在生物体内的生命活动的结果；第三，把一种传染病的微生物置预防疫苗。"

运用第一项发现，巴斯德为生产啤酒和醋制定了原则，防止了保存过程中的次级发酵，即产物的变酸或进一步氧化。第二项发现，其成果是保护了牛、羊免受炭疽杆菌的感染，使蚕免受微粒子病的传染。在这一发现的指导下，外科医生控制了化脓感染。第三项发现，其成果是用人工减毒的办法制造出鸡霍乱、炭疽病和猪霍乱的减毒疫苗。报告中还表示，希望不久后狂犬病也将得到征服。

鸡霍乱

1878 年，图森给巴斯德送去一些死于鸡霍乱的鸡的血液。这种病与人霍乱没有关系。图森观察到所有死鸡中都有微生物，于是把鸡霍乱与这种微生物联系起来了。巴斯德得到样品后，立即通过连续分离血中的微生物，得到了纯的菌株。这种微生物的形状像个"8"。用中和鸡汤经 110 ～ 115℃灭菌后作培养基，效果最好。

1880 年 2 月，巴斯德给法国科学院和医学科学院写了题为"论病毒性疾病，特别是通常称作鸡霍乱的病毒性疾病"的报告。这种微生物在鸡汤培养基中的繁殖能力是惊人的，与弧菌完全不同。这种微生物的毒力很大，在面包屑上滴上很少的一滴，就可以使一只鸡死去。鸡吃了带菌食物，经过肠道感染上鸡霍乱。所以鸡的肠道是这种微生物的良好培养基。病鸡的粪便成了关在实验笼中的鸡只接触传染的病原。现在我们知道这种微生物是败血巴斯德杆菌。巴斯德用菌液注入健康的鸡，成功地诱发了鸡霍乱。那一年的暑假，他中断了实验，把鸡霍乱的肉汤培养液放入小橱中就度假去了。9 月他回到巴黎，为了进一步确定接种感染的效果，便用放置一个暑假的培养液给鸡注射。结果令巴斯德感到惊奇：鸡没有感染上鸡霍乱。

巴斯德又从患有鸡霍乱的病鸡血中重新分离出病原菌，并买来一批鸡做实验。鉴于上次实验结果，他把未感染病的鸡和新买来的鸡各自分为两组：一组新鸡和一组老鸡注射新分离的病原菌，另两组分别先后注射保存的培养液和新分离的病原菌。结果表明，注射过保存培养液的鸡群，抵抗住了新分离病原菌的攻击。与此相反的实验组，鸡都患病死了。实验证明了暑假前和暑假后实验结果之所以不同，其原因在于：暑假前的培养物经过一段时间的放置，其毒力减弱了。实验还证明，用减毒病原菌注射后的鸡，产生了对强毒病原菌的抵抗能力。

巴斯德继续研究引起病原菌毒力减弱的原因。他发现这与两次传代培养间隔时间长短有关，间隔的时间越长，减毒程度就越大。他在第一篇探讨鸡霍乱的论文中写道："鸡霍乱也能以毒力减弱的状态存在，它能诱发病症，但不造成死亡。用减毒病原菌注射的动物复原后，即使用强毒的病原菌接种，也能存活下来。"

巴斯德认为天花疫苗与鸡霍乱疫苗有某些不同之处。鸡霍乱减毒株是直接从强毒株得到的。而天花疫苗与牛痘之间的关系当时尚存在着争议。他把减毒的鸡霍乱菌株称为疫苗，这个名词一直沿用至今。

猪霍乱

在完成炭疽病的研究之后，巴斯德又开始研究另一种给畜牧业带来巨大损失的牲畜疾病猪丹毒，即猪霍乱。

巴斯德的助手蒂利埃（L. Thuillier）于 1882 年在维埃纳省从病猪体内分离出一种微生物。为了证明这种微生物与猪霍乱之间的关系，并寻求治疗的办法，巴斯德和他的助手于 9 月到达博莱纳。11 月他在给法国科学院的报告中写道："猪丹毒，即猪霍乱，病原菌是一种像'8'的微生物，很容易在体外培养。这种微生物可使兔子和绵羊患病和死亡，但不能感染鸡。所以它与鸡霍乱的病原菌不同。用少量病原菌的菌液感染猪，可导致迅速发病和死亡。用减毒病原菌将很快制得新的疫苗。"巴斯德用兔子传代猪霍乱病原菌，几代后便得到了无致病作用的疫苗。据布卢奇（Bulloch）的统计，1886—1892 年，用这种疫苗免疫接种了 10 万多头猪。

狂犬病疫苗

巴斯德永远也忘不了小时候在阿尔布瓦的街上听到被疯狗咬伤的病人，被烧红的烙铁烧烙伤口时发出的凄惨叫喊声。这个记忆促使他对当时流行的狂犬病进行了研究。

1880 年 12 月，一名 5 岁的小孩一个月前被疯狗咬伤，痛苦地死在医院里。巴斯德收集了小孩的唾液，将它与水混合接种兔子，不到 36 小时，兔子就死了。把兔子的唾液再接种给另一只兔子，这只兔子也很快死了。用显微镜检查死兔的血液，发现了一种微生物。拿牛肉汁培养这种微生物，用菌液再次注射兔子和狗，毒力再度表现了出来。检查这些动物的血液，看到了与培养物相同的微生物。可是狂犬病的潜伏期通常是很长的，而从唾液中分离的病原菌，致死作用很快。这引起了巴斯德对这种病原菌的怀疑，他猜想，可能有一种微生物与狂犬病病原菌同时存在于唾液中。随着观察的病例越来越多，他对这一假设确信无疑了。

根据临床观察，狂犬病的病原菌侵入人和狗的脑部和脊髓，所以用常规培养病原微生物的方法，分离不出病原菌。若用动物的脑作为培养基，也许会得到病原菌。巴斯德的助手鲁设计了一种方法，将狗麻醉后，用环锯术打开狗的脑壳，接种一点疯狗的脑汁。经过两个星期，狗表现出狂犬病的症状并死去。这种方法比用唾液接种更准确。

用脑接种法接种的兔子和豚鼠，也都表现出狂犬病的症状。这样发病部位和病原的主要线索便追踪到了。实验表明，狂犬病的病原微生物很小，它的离体培养不同于一般病原微生物。现在我们知道狂犬病的病原是病毒。

用环锯术接种兔子，兔子瘫痪了。用瘫痪兔子的脑接种狗的脑部，狗虽然表现出轻度的症状，但不久又复原了。几个星期后，用毒力强的脑再次接种这些狗，如此反复多次。在200多次实验中，发现有几只狗没有发病。于是巴斯德便开始研究狂犬病病原的减毒实验。像以前用兔子连续传代接种，以得到减毒的疫苗一样，他得到23只狗能抵抗狂犬病病原的攻击。可这种疫苗如何用于人身上，仍然有待于解决。巴斯德和他的助手用狗脑接种猴子，从猴子再接种猴子。经过连续接种，得到了一系列毒力不同的病原菌。后来用兔子和豚鼠做的实验，也可以得到同样的结果。可是用这种疫苗免疫狗的效果还不够好。

接着巴斯德和他的助手用0～12℃的低温进行减毒实验。后来鲁又提出用干燥空气进行减毒的新方法：把兔子的脊髓用线吊在消过毒的瓶子里，瓶底放一些氢氧化钾吸收空气中的水分，瓶口塞上棉塞以阻止空气中的尘埃进入。实验瓶子放在25℃的房子里，随着放置时间的延长，脊髓逐渐干燥，毒力也逐渐减弱。到了第14天，毒力便完全消失。他们把无毒脊髓磨碎，加入无菌水，给50只狗作皮下接种。第二天用干燥13天的脊髓接种，以后逐渐提高毒力。最后用当天病死兔子的脊髓接种。一个月后，实验的50只狗都生活得很正常。另用未经免疫的狗直接接种强毒力的脊髓，狗便患病死去。

1885年6月6日，一名来自阿尔萨斯的名叫梅斯特（J. Meister）的9岁男孩被疯狗咬伤，在征求医生和生理专家的意见后，巴斯德决定用"疫苗"（干燥减毒的脊髓制成的液体）为其进行治疗。经过 10 天的治疗，梅斯特的病好了。1885 年 10 月 26 日，巴斯德宣布，一个星期之前他又治愈了第二个小孩，叫朱皮利（Jupille），他是个放羊的孩子，于 10 月 14 日被疯狗咬伤。

自此之后，被疯狗咬伤的病人从全国各地来到巴黎治疗。纽约发来电报，有 4 个被疯狗咬伤的美国儿童正启程来巴黎。1886 年，巴斯德在法国科学院报告了治疗狂犬病的效果：在 350 名病人中，只有 1 人死去。当时在法国，狂犬病导致的死亡占 16%。因此，建立一个狂犬病免疫机构是有必要的了。法国科学院任命了一个委员会，在巴黎建立一个专门研究所，命名为巴斯德研究所，巴斯德任所长。

募捐活动在法国和国外同时进行。俄国沙皇为感谢巴斯德治愈了俄国的狂犬病人，委派他的弟弟弗拉基米尔大公送给巴斯德一枚俄国圣安娜十字勋章，并捐赠 10 万法郎给巴斯德研究所。巴西皇帝和土耳其国王也捐了款。研究所共收到捐款 258 万多法郎。法国国会又拨款 20 万法郎作为建立该研究所的基金。全部工程费用为 156 万多法郎，剩余的 100 多万法郎赠给了巴斯德研究所。巴斯德、鲁和尚贝朗同意把出售狂犬病疫苗的权利交给研究所。1888 年，政治家、科学家、巴斯德的合作者和学生云集新落成的研究所图书馆，法国总统也前来祝贺。许多发言中都盛赞巴斯德的工作对于科学和人类健康的直接影响。巴斯德发现了酵素、传染病的起因和对这些疾病的免疫接种法。这对微生物学、生物化学、兽医学和内科学而言，都不是一般性的进展，而是一场彻底的革命。用狂犬病疫苗治疗病人，死亡率已降到 1% 以下。巴斯德在答谢词中说："科学是没有国界的，因为它是属于全人类的财富，是照亮世界的火把，但科学家却有他自己的祖国。如果你的工作在世界上产生了影响，应该把这种影响归功于祖国。"

　　1892 年 5 月，丹麦、瑞典和挪威成立了委员会，筹备庆祝巴斯德 70 岁寿辰。11 月，法国科学院内科和外科学部组成募捐委员会，以示对巴斯德的敬意。12 月 27 日，庆祝会在索邦大学的大剧院举行，剧院内座无虚席。巴斯德在法兰西第三共和国总统卡诺（S. Carnot）的搀扶下进入会场。他在答谢词中说："首先要扪心自问：我在学习上做了些什么？随着日益长进，自问：我为祖国做了些什么？终有那一天，当你想到自己在某些方面为人类进步、为人类福利做出了贡献，你会感到无比幸福。"

　　后来，巴斯德的学生鲁对危害儿童的白喉进行了研究。1889 年，鲁在伦敦皇家学会会议上的报告中提到："微生物之所以危险，是由于它们产生了有毒物质。白喉杆菌的培养物经过一个时期以后，其毒力大为增强，注射量极其少时，如 $\frac{1}{10}$ 毫升，就足以使豚鼠在 48 小时内死亡。白喉是由一种作用很强的有毒物质引起的，是在微生物生长发育时产生的。"接着德国的贝林和日本的北滕发现了抗毒素。鲁在白喉毒素中掺入碘，注射给马，使马逐渐能抵抗毒力强的毒素，由此从免疫的马血中得到抗白喉毒素。1894 年，在儿童医院进行临床应用，给几百名儿童使用血清疗法，死亡率由以前的 51% 降为 24%。

　　巴斯德是位伟大的科学家。他对长者十分尊敬，对待友人很忠诚。在与别人发生学术争论时，他言辞非常激烈，事后却完全忘掉。对研究工作尽力尽心，不屈不挠，直到得出明确的结论。巴斯德不善应酬，不参与过多的社交活动，而是忙于研究工作。巴斯德也是一位伟大的爱国者。在普法战争时，他拒绝了普鲁士波恩大学医学院给他颁发的医学博士学位证书。他研究啤酒生产工艺，提高啤酒质量，使其可与德国啤酒相抗衡。他多次接受政府的委托，研究他从未接触过的课题，为发展法国的养蚕业、制酒业和畜牧业做出了重大贡献。英国生物学家赫胥黎（Huxley）在英国皇家学会上说："单是巴斯德做出的发现，就足以抵偿法国于 1870 年付给德国的 50 亿战争赔款。"巴斯德为科学、为祖国、为人类辛勤工作了一生。

1895 年 8 月，巴斯德的瘫痪越来越重，说话越来越困难。9 月，已不能下床了。1895 年 9 月 28 日，巴斯德在维尔纳夫池塘公园的家中去世，终年 73 岁。

尾声：巴斯德的影响 [1]

巴斯德虽然死了，但他的学说永远活着。他引发的革命继续震撼着世界，他的一生堪称传奇。巴斯德是使实验医学，或简单地说是医学的问题进入报纸头版的第一位学者，这是大众传媒的特例。他因此可被看作是在医学领域改变公众意见的主要创始人。在 19 世纪末，当实验室数量极少，科学教育仍受制于传统观念、还没有地位的时候，他推动了医学的进步，造就了一种新型角色：巴斯德研究所研究者。如果没有这种传媒革命，科学的进展必将畏畏缩缩。

要评估这场革命的世界意义，可援引 1886 年巴斯德给 4 名纽约狂犬病患者接种疫苗时美国报界表现出的热情。4 名痊愈的孩子被置于鲍厄里大街的玻璃橱窗里供大众亲睹，有 40 万名好奇者掏钱观看！当时，美国所有的城市，包括小城市，都在颂扬巴斯德的名字和法国科学的伟绩。在巴斯德一百周年诞辰之际，美国的沃伦·哈丁总统致信当时的法国内阁总理雷蒙·普恩加莱："美国是最早应用巴斯德研究成果的国家之一。巴斯德属于法国，也属于美国。"1928 年，派克·大卫公司对最早的接种者进行追踪调查，以发动一次广告运动。4 名被

---

① 选自德布雷所著《巴斯德传》。

疯狗咬伤者中的一位，在其 50 岁时在芝加哥的街头竖起了一尊巴斯德半身像。

然而，巴斯德是法国的民族英雄。他很重视他的发现是属于法国的，但也把英国政治家迪斯累利的思想当作他自己的思想："人民的健康是国家的荣誉和实力的基础。关心人民的健康是政治家的首要任务。"尽管他希望独立自主，拒绝政府对他的研究所实施行政监管，但共和国仍想方设法使巴斯德变成一位世俗圣人，利用他的形象来宣扬爱国的唯科学主义。巴斯德的容貌已进入寓意画的行列。

1929 年，他成了最著名的人物（拿破仑三世除外），头像印在邮票上；1966 年，他获得法国银行给予的殊荣，其肖像印在流通量很大的 5 法郎纸币上。其象征意义是明显的：巴斯德不只是一位学者和一位发现者，他还是人与人之间联系的纽带。两艘法国军舰以他的名字命名：一艘是 1928 年下水的运输舰，另一艘是 1968 年服役的巡洋舰……

1922 年，巴斯德一百周年诞辰的纪念大会标志着对他的崇拜的顶点。总统亚历山大·米勒兰庄严地向"有思想和经受过苦难的人"表达敬意："崇拜伟人是国民教育的一个原则。一个对其先人保持记忆的民族，将在追思祖先的伟绩中汲取力量和希望。"

1922 年 12 月 27 日上午 7 点，弗朗什-孔泰地区所有市镇的大钟开始敲响，好像在庆祝第二个圣诞节……在多勒，官员们列队走到制革路上门口摆放着花束和棕榈叶的巴斯德故居。在斯特拉斯堡，人们在庆祝阿尔萨斯回归的同时，也在思念这位"绝不把祖国和科学分开"的学者。巴黎的庆祝活动在 1923 年 5 月举行：师范学校的致意，法国和外国各代表团在凡尔赛宫的宴会……

巴斯德研究所敞开了大门。参观者被允许进入学者的地下室墓穴和生前的住所。在那里，展出了装着消旋酒石酸晶体的瓶子——后来一切发现的起点，患微粒子病的蚕茧，几只由巴斯德在论证不存在自然发生时密封的、永远是无菌的玻璃瓶……接着是小玻璃瓶、曲颈甑、试管和圆底烧瓶，上面的标签帮助参观者了解巴斯德的发现史。人们为科学研究展开捐助，捐款箱为实验室——"科学的圣殿"筹措资金。

在全世界，人们以他的名字命名广场和大街，他的肖像挂在教室、实验室和医院里。巴斯德一百岁了：人们庆祝科学的世纪，巴斯德的世纪！

千言万语都在呼唤这位长眠了的伟人……

译者序

· Translator's Note ·

这部作品是巴斯德的初期工作——发酵的研究——的结晶,也是近代关于发酵的学说的基础。我们阅读之余,可稍明了作者的奋发的精神和伟大的功绩。

　　60年前，法德两国都卷入了战争的旋涡。当时有一位法国的学者，深感德意志的蛮横，就发了他那学者独具的懿性，将德国波恩大学颁给他的医学博士证书，原璧退还。并附一函，请该大学立刻将其除名。后来又要求加入军队，为国宣劳，终以身躯羸弱，未蒙录用。至此，他那绝不消减的斗志，就引他到实验室里，去磨炼科学的刀，准备和敌人相见于学术的战场上。不到几年，他已经完成了发酵的研究。英国的著名学者赫胥黎曾经说过，巴斯德的研究，可以替法国偿还战争赔款而有余。科学研究的价值，于此可见一斑。

　　巴斯德于1822年生在法国汝拉省的多勒市。他的家中已经有三代营制革业。父亲是拿破仑的兵士，曾经得过荣誉军团十字勋章。巴斯德坚强的意志和奋发有为的精神，有不少是遗传自其父亲。巴斯德五岁的时候，全家一起迁移至阿尔布瓦，他的父亲在那里开了一个制革作坊。巴斯德年纪稍长，就在阿尔布瓦上学。起先，他一天到晚地钓鱼和画画，对于书本和学问毫无兴趣。后来他明了了家庭里的经济状况，突然地用起功来，不久就培养起了他那至死不懈的工作热情。

　　阿尔布瓦中学设备简陋，巴斯德为了获得更加高深的学问，只得到贝藏松中学去。他对于化学有特别的兴趣，贝藏松中学的化学教师屡次被他彻底地查问得莫可奈何。有一次，那教师窘急万分，只得说："先生可以问学生，学生不可以问先生。"

◀ 沈昭文（1906—1998），生物化学家，中国科学院上海生物化学研究所研究员，中国生物化学研究第一代学科带头人，多个生化分支学科研究的开创人

1840 年，巴斯德在贝藏松中学毕业了。母校聘他任教师，他任职了不久，到 1842 年，就去投考巴黎高等师范学校，考取了第 15 名。他不满意，第二年再考，取得第四名。这回他大概多少有点满足了，立刻就开始上学。

在巴黎，他得到了几位著名的化学家的指导，专心致志地开始他那 16 年持续不断的化学研究。他在这一方面的最主要的工作，当然要算结晶体的辨别，这可说是近代的立体化学的根源，没有它，就没有现代的许多有价值的药品。结晶的研究，又指引他继续钻研发酵的问题。在 1854 年，巴斯德被任命为里尔理学院教务长。就职后，他立刻实行自己主张的纯粹科学的实业化，举行公开的关于发酵的演讲。里尔是以酿酒事业为主的，他的指导使得里尔的酿酒业在酿酒方法上改良不少。1857 年，巴斯德调任巴黎高等师范学校的理科助理主任。在那里，他又继续发酵的研究。好氧的和厌氧的细菌之发现，可算是他在这个时期的主要成就。

巴斯德的发酵研究，打破了一个根深蒂固的见解。讲到这种见解的发源，要推到上古的时代。希腊名哲亚里士多德有过这么一句话："干燥的物质变湿，和湿的物质变燥，都能产生动物。"罗马的弗吉尔曾经说过："蜜蜂的源，是小牛的尸。"范·赫尔蒙特说："在装满了麦的器皿里，安放少许污损的麻布。大约 21 天以后，麦即变成大鼠。"这种话，在当时是很有势力的。在 1745 年以前，没有人做过实验来证明这话的虚实。1745 年有个叫尼达姆的爱尔兰神父，将含有可腐烂的物质的器皿密封，然后加热，结果仍有许多微细生物产生。他以为这已经证明了先哲的学说。1763 年，意大利的神父斯帕兰札尼重做了尼达姆的实验，不过加热的时间更长。他的结论，是"自然发生"为不可能的事情。此后，试验的人颇多，但是终没有可靠的结果。到 1860

年，法国科学院悬赏征求这问题的答案。当时巴斯德也参加了竞赛，并永久地确定"自然发生"是不可能的。不过，仍有反对他的人说他们已经证明这是可能的。科学院就指定几个委员，当面监督他们重做各自的实验。那天巴斯德带了许多仪器到场，但是反对他的人只是空手前来，设辞说天气不适宜，请求延期。不过科学院没有答应。巴斯德当场试验，证明他的报告不虚。

不过，巴斯德最著名的工作是关于疾病的研究。他关于发酵的研究为李斯特的灭菌法和近代外科手术的发展奠定了基础。他自己则在1865年接受了法国政府的委托，转而开始蚕病的研究。详细的情形，恕我们不能在这里多说，要晓得的是他这一次又成功了。他探得了病原，替法国保留了主要实业，免除了几百万法郎的损失。

不幸的是，他在从事蚕疾研究的时候，因患脑溢血而半身不遂。不过他的脑力并未因之俱损，可算是不幸中的万幸。到1877年，他又开始研究脾脱疽（炭疽）。此前已经有人疑心这病是细菌所致。巴斯德证明了这种见解，并且发明了一种预防的操作。此后他又继续研究禽兽的疾病，差不多都有圆满的结果。

巴斯德最后的，同时也是最重要的工作，是人类疾病的研究。他解决了狂犬病的问题，而直接或间接受到他的启发而发明的治疗方法，在近代医学史上也占有很高的地位。巴斯德所发明的狂犬病治疗法，是将曾患该症致死的兔子的风干脊髓种入患者或无病者的身上。在1885年，阿尔萨斯有一个叫梅斯特的小孩被疯狗咬伤，父母将其送到巴斯德处请求医治。当时巴斯德的方法只在狗身上施行过，他并没有治过人类。这一次，他极细心地替那小孩注入他预制的干脊髓，并持续注射了10天。一月以后，到应该发病的时候，小孩很健康地在玩耍，一点儿也没有疯病的表现。

巴斯德的功绩，到那个时候，已经得到全国——甚至是全世界的颂扬。1888年，巴黎的巴斯德研究所举行开幕礼，各国都有代表到会。1895年，73岁的巴斯德与世长辞，就安葬在研究所地下室里。

这部作品是巴斯德的初期工作——发酵的研究——的结晶，也是近代关于发酵的学说的基础。我们阅读之余，可稍明了作者的奋发的精神和伟大的功绩。可惜译者的一支秃笔，不能形容十分之一。这是要向读者道歉的一点。

末了，译者还希望我国的读者都发愿做一个中国的巴斯德，磨炼出一把很锐利的科学的刀，和压迫我们的人奋斗一下。还应该注意的，是要具有百折不挠的精神和勇往直前、不顾一切的戆性。巴斯德在结婚的当天已到行礼的时间，仍在实验室里工作。后来有个友人去拖他出来，方才完成行礼。这并不是赖婚，实在就是所谓勇往直前、不顾一切的戆性。

沈昭文

1930年5月24日于杭州

纪念我的父亲

前第一帝国的兵士，荣誉军团的爵士：

我活得愈久，愈明了您的心的慈祥，和您的思想的高尚。

我对于这里的，和以前的研究之努力，都是您的教训和模范结出的果实。

现在我把这部著作献给您，作为永久的纪念，聊表我的感谢。

路易·巴斯德

巴斯德胸前佩戴着法国政府授予的荣誉军团大勋章

自　序

· Author's Preface ·

　　应用我这个新方法究竟能够有什么利益，我不愿冒险地发表些预告。科学工作之价值，最好是让"时间"去估计。

位于多勒的巴斯德故居

位于阿尔布瓦的巴斯德故居

　　我们的不幸，激励我去做这些研究。1870年战争结束后，我立刻开始工作，持续不断地直到现在。我之所以有完善这些工作的决心，是因为这些工作有益于我们不及德意志的一种实业。

　　对于自己出的这个难题，我深信已经得到了一个确当的实用的解决。这个难题是要发明一种制作方法，使得在任何季节和地点都能够免除当前必须使用的花费很大的冷却操作，同时又要能够长期地保存其产品。

　　这些新的研究所依据的原理，和我研究酒、醋和蚕病时所引以为据的是一样的。这个原理，实在可以无限制地应用于传染病的病原学。照我的意见，或者也可以从这原理里，得到一些意料不到的启发。

　　我从事酿酒事业研究，得到了一种新方法。不过应用我这个新方法究竟能够有什么利益，我不愿冒险地发表些预告。科学工作之价值，最好是让"时间"去估计。我也很明白，实业上的新发明很难在最初的发明家手里得到圆满的效果。

　　我在法国克莱蒙－费朗（Clermont-Ferrand）市的实验室里开始研究的工作。那时有该处的理科学院化学教授杜克劳（Duclaux）助我料理一切。后来我在巴黎和坦通维尔（Tantonville）的杜德兄弟酿酒厂继续实验。杜德厂被公认为法国第一流的酿酒工场。我热忱地感谢这几位竭力帮忙的朋友。此外克莱蒙－费朗市附近的洽马李

◀ 位于多勒和阿尔布瓦的巴斯德故居

（Chamalières）有一位技术很精湛的酿酒家孔恩（Kuhn），还有马赛的费尔登（Velten）和兰斯（Reims）的塔息尼（Tassigny），他们都很热诚地提供他们的工场和产品任我使用，我特地在这里表示谢忱。

1879 年 6 月 1 日于巴黎

一

酵母和氧的关系

· I *On the Relations Existing Between Oxygen and Yeast* ·

　　酵母的发酵性，不过在不得已的时候，处在某种特殊的环境里，方才能发现。它可以有发酵地或无发酵地，继续它的生命。以前绝对没有发酵的征兆的，只要给它适当的环境，立刻就可能表现这种作用。

　　科学的特性，在持续不断地减少未曾得到解释的现象。譬如水果这样东西，在外皮未经擦破的时候，很不容易发酵。但我们若拿果子聚成一堆，浸在它们自己的甜汁里，同时多少露些在空气中，不多几时就会产生发酵作用。眼见那堆果子，渐渐地发热，渐渐地膨胀，碳酸气（即二氧化碳，下同）不断地逸出，同时果汁里面的糖也变成酒精——这种自然的现象是非常奇特的，对于我们人类也是非常有用的。至于这种现象的来源问题，据近代的学说，我们可以知道的共有两点：①这种现象是因植物细胞的生长而产生的，不过果汁里面本身并没有这种细胞的胚芽；②这种单细胞植物种类很多，每种细胞各能引起一种发酵作用。各种发酵作用的主要产物，虽然在性质上有颇多相似的地方，成分上却颇有差异，附带的产物也各不相同。就这一点来看，我们已经可以明了，为什么市场上酒类的优劣和价值有这么大的差别。

　　我们既然发现了发酵剂，并且得悉了它们的性质和起源，那么果汁里自然的发酵作用，可以说已被我们窥破了它的神秘了。我们可以进一步地问，这些作用是否仍不能用普通的化学定律来解释？我们可以立刻看出，发酵作用在化学和生物学的现象中，占据了一个很特殊的地位。我们现在方才晓得，使发酵作用具有某种特殊性质的，就是我们通常称为发酵剂的那些细微植物的生活状况。这种状况和其他的植物完全不同，其所引起的现象（即发酵作用）也和通常的现象两样，可以说是生物化学里的例外。

　　稍微动点脑子就可以明白，酒精发酵剂（alcoholic ferments）必

◀ 巴斯德在实验室里做实验

定能够在没有空气的地方繁殖，同时也能发生效力。我们可以举汝拉省的酿酒方法为例：他们将采集的葡萄一束一束地放在树下的大木桶里，然后将葡萄摘下来。这些葡萄中，有外皮擦伤了的，也有全无破损的，连果带汁地一起都混合在桶里。这混合物，就叫作酿造葡萄（vintage）。木桶装满了以后，各桶的葡萄都运到深窖中，并倒入大缸里。常例装入的果量，不得超过缸的四分之三。不多几时，就产生发酵作用。碳酸气从直径不过 10 ～ 12 厘米（大约 4 英寸）的孔里逸出。这样地搁了两三个月，所造的酒，才可以抽出来用。

照以上的情形看来，缸里的酵母，大致是没有和氧接触而能够自然地生长和繁殖的。但在开始工作的时候，它们并不是绝对和氧隔绝。而且若没有微量的氧预先渗入，以后的变化必不能发生。因为当葡萄从枝条上摘下的时候，它们就已经和空气接触。那外皮擦伤了的葡萄所渗出的果汁，又吸收了微量的空气。这些空气在发酵作用开始的时候所产生的效力非常重要。它能使那布满在果皮和小枝上的发酵剂芽孢（spores of ferments）得到生命的力量。[①] 但是这微量的空气，含量实在极少——已经摘去小枝的葡萄更少。至于和果浆接触的空气，等到发酵作用开始，立刻就要受到碳酸气的排挤。所以我们可以说，桶内大部分的酵母是在没有氧——无论是游离的，或溶解的——的环境中长成的。这是个重要的问题，将来我们还要详细地说明。我们现在的目的，是要表明我们从通常酿酒法上得到的见解。这种见解，概括地说就是，酵母的芽孢长成细胞后，可以不需氧的存在而自动地发育和繁殖。而且酒精发酵剂有特殊的生活模式，是在其余的动植物中不常见的。

---

① 据有经验者说，将葡萄果留在藤上可以增进发酵作用。这件事的原因还未发现。但是我们可以说，主要的原因是各果间和各束间的空隙增加了发酵剂芽孢范围以内的空气之体积。

发酵剂还有一个很特殊的性质，就是微量的酵母可以分解很多的糖质。通常动植物界的惯例是吸收的营养素和消耗的食物大致相等；即使有差别，也不会很大。酵母就不同。一定量的酵母，可以分解 10 倍、20 倍，甚至 100 倍或 100 倍以上的糖质。我们很快就可以用实验证明。在这里我们可以概括说，酵母和糖的比例虽然是随着各种情形而有一定的变更的（这种情形以后就会讲到），但是在其重量上，被酵母分解的糖比起酵母本身确是大不相称。

我们不惮烦劳，再说一遍。世上所有的动植物，在寻常生理学的状况之下，绝不会有和发酵剂相同的行为。所以我们可以说，呈现为植物形式的酒精发酵剂至少有两个特性：①它们可以在没有空气的——没有氧的——地方生长；②它们可以分解重量和它们本身大不相称的物质。分解的多寡，虽然没有一定，但产物的重量和它们本身的重量相比，则大不相称。这两个事实极为重要，而且与发酵的理论有很密切的关系。我们现在用精确的实验，来证明它们的虚实。

我们现在要解决的问题是：

（1）酵母是否确为厌氧（anaërobian）① 植物？

（2）在我们所提供给它的各种情形之下，它究竟可以使几多糖质发酵？

下述的实验，就是为这两个问题而做的。我们用的是一个容量 3 升（5 品脱，1 品脱 = 0.568 升）的双颈烧瓶：一个颈上接着一个曲管，预备用于气体逸出；还有一个颈在右边，颈上装着一个玻制的栓（见图 1）。我们用纯粹的酵母浸出液（pure yeast water），加了 5% 的糖，装满这个烧瓶，连玻栓上面和曲管里都绝对找不到微量的空气。不过

---

① 能在没有游离的氧的环境里生长的（巴斯德创造的新名词）。——英文版编者注

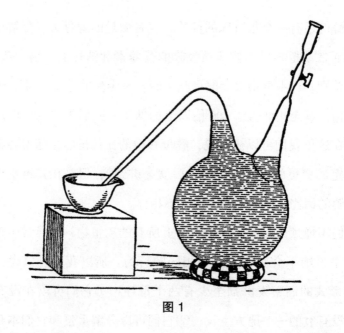

图 1

在未曾装入瓶的时候，这人工配制的麦芽汁（即加了糖的酵母浸出液）已经先在空气中放置多时了。我们再用瓷制的杯装满了水银，放在很稳固的架上，刚巧可以插入烧瓶上的曲管。右边玻栓上面，有容积为 10～15 毫升（约 $\frac{1}{2}$ 液盎司）的筒形漏斗。我们在其中放入 5～6 毫升的糖液，并且加入微量的酵母，使它在 20～25℃（68～77°F）的温度起发酵作用。这微量的酵母繁殖得很快。不多几时，在漏斗的底上就可以看见少许沉淀的酵母。此时，我们打开玻栓，漏斗里一部分的液体带着沉淀的酵母沿着颈口流下。这样放下去的酵母，足以饱和烧瓶里的糖液。我们用这个方法可以随意地增减掺入的酵母，因此可以放入极微量的酵母。播种的酵母在瓶里很迅速地繁殖起来，同时发酵作用开始，产生的碳酸气排到水银里。不到 12 天，瓶中的糖都化为乌有，发酵作用也就此停止。那时在烧瓶的边上，可以看见一层黏着的酵母。我们把它刮在一处，设法使它干燥，然后用天平一称，结果共有 2.25 克（34 格令，1 克 =15.43 格令）。显然，这个实验中所形成的酵母，如果需氧来维持生活，只得吸取糖液在尚未装入烧瓶时原本就有的氧。换句话说，这些酵母吸取的氧之体积，不可能超过糖液暴露在空气中时液体中溶解的氧的体积。

劳林（M. Raulin）曾经在我们的实验室里，做了几个很精确的实验，确定糖液和水一样，若在过量的空气中着力振荡，不多几时就可以饱和。并且在同样的温度和压力下，比纯水所含的空气稍少。我们应用本生（Bunsen）溶度表里氧的水溶度之系数，可以计算得出，在25℃（77℉），1升的水饱和的时候，含5.5立方厘米（0.3立方英寸）的氧。这样说来，做实验的时候烧瓶里的3升糖液假如也是饱和的，含氧不到16.5立方厘米（1立方英寸），其重量就是在23毫克（0.35格令）以下。这就是150克[1]（4.8金衡盎司，1克=0.032金衡盎司）的糖质之发酵所需要的氧之最大量——假如这些氧都被吸收的话。这个结果究竟有什么意义，后面我们会理解得更清楚。

我们在不同的情形之下，将以上的实验再做一次。照从前一样，我们先用烧瓶装满加糖的酵母浸出液。不过我们要先把该糖液煮沸，让所有的空气尽被驱出。我们就照图2安置实验用的器具：烧瓶A放在三脚架上；以前用的装水银的杯，现在换了个瓷制的广口皿，也放在三脚架上；瓶和皿中都装了同样的加糖酵母浸出液，下面也都安放了煤气灯。瓶和皿中的糖液同时煮沸，也于同时停煮，使其渐冷。瓶中糖液冷却后，皿中的糖液就有一部分吸入瓶中。我们预先做了个实验，应用舒岑贝格尔（Schützenberger）的亚硫酸氢钠[2][3]法确定了冷却

---

①这里的150克是3升糖水里的糖量。——汉译者注

② $NaHSO_2$。——英译者注

③原文为hydrosulphite of soda，除表示亚硫酸氢盐$MHSO_3$外，也可以是连二亚硫酸盐$M_2S_2O_4$。但无论是何者，英译者注中的分子式都是错的，$NaHSO_2$应为$NaHSO_3$。——编辑注

后的溶液中所含的氧量。我们得到的结果，是烧瓶中 3 升的溶液，含氧不到 1 毫克。同时我们又做了一个实验，以资比较。我们用一个容积较大的烧瓶 B（见图 3），装了与前述实验组成完全相同的同样多的糖液，也仅占半瓶空间，这糖液已经煮过，可以断定其中没有什么能产生影响的细菌。在烧瓶 A 上的漏斗里，我们放入几毫升正在发酵的糖液。等到这液发酵正旺、酵母已经成熟的时候，我们打开玻栓，立刻又关起来，这样可以留点糖液和酵母在漏斗里，不致完全流到瓶里。烧瓶 A 里的液体，就开始发酵了。我们又从烧瓶 A 的漏斗里取了一点酵母放入烧瓶 B 中。最后再换了一个装水银的杯，代替瓷皿放置烧瓶 A 中伸出的曲管。以下就是这两个比较实验的详情和结果：

可发酵的液体，是酵母浸出液加了 5% 的糖浆。用的酵母是 *sacchor-myces pastorianus*（巴氏酵母）。注入发酵剂的日子是 1 月 20 日。两个烧瓶都放入常温 25℃（77°F）的恒温箱里。

烧瓶 A，不含空气：

1 月 21 日——发酵开始。有少许带泡液体从逸气管逸出，覆在水银面上。

以后的几天，发酵作用颇盛。由碳酸气带出的泡沫中含有很细微的鲜嫩的正在发芽的酵母。

2 月 3 日——发酵作用还是继续着，因为液底仍有气泡不断地上升。液体已经澄清，酵母沉降瓶底。

2 月 7 日——还有发酵作用，不过已经很衰颓了。

2 月 9 日——瓶底时有小气泡上升，表示仍有很弱的发酵继续发生。

烧瓶 B，含有空气：

1 月 21 日——酵母的繁殖，已经可以看得出了。

以后的几天，发酵作用很厉害，液体面上泡沫极多。

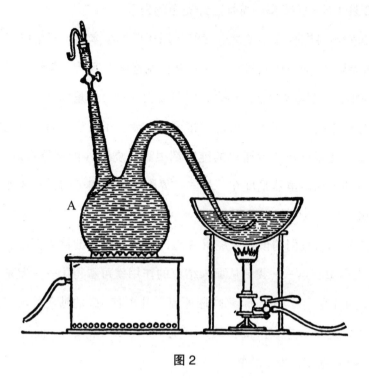

图 2

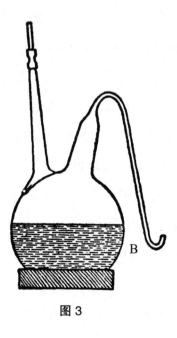

图 3

2月1日——发酵的特征已经完全消失。

我们预料烧瓶 A 中的微弱发酵作用还要持续多天，但是烧瓶 B 里的发酵早已完毕。所以我们到 2 月 9 日就把两个实验一起结束了。将 A、B 两瓶里的液体分别倒出来，酵母就留在称过重量的滤纸上。这种过滤都很迅速，烧瓶 A 的液过滤得更快。滤去了清液以后，我们立刻用显微镜考察酵母。两瓶里的纯度都很高。烧瓶 A 的酵母聚成小球，每球里的小球体虽然是堆在一起的，界限却还是很分明，只要能和空气接触，立刻就可以恢复原状。

果然不出我们的预料，烧瓶 B 里的液体连微量的糖质都没有。烧瓶 A 里稍微有点——我们从那未结束的作用就可看得出——但是也不会超过 4.6 克（71 格令）。每烧瓶原有 3 升含有 5% 的糖质的溶液；依此计算，烧瓶 B 中发酵的糖质，有 150 克（2310 格令），而烧瓶 A 中只有 145.4 克（2239.2 格令）。

经过了 100℃（212°F）的干燥作用后，酵母的重量如下：

烧瓶 B，含空气…………1.970 克（30.4 格令）。

烧瓶 A，不含空气…………1.368 克[①]。

酵母和已发酵的糖质之比，是 1∶76（前者）和 1∶89（后者）。

从以上的事实，我们得到以下的结论：

（1）B 瓶里的液体，因为曾经和空气接触，必含溶解的空气。又因为曾经过一次灭菌煮沸，所以包含的空气不致达到饱和的程度。不过无论如何，B 瓶产生的酵母总要比无空气的 A 瓶里的多。A 瓶里的空气，可以说是极少极少的了。

（2）这瓶受过空气的作用的液体，比没有暴露在空气里的液体发

---

① 此数恐系 1.638 克（25.3 格令）之误。——英译者注

酵得快。只要 8 天或 10 天，它就可完全没有糖质。但是另一瓶，过了 20 天，仍有可以称得出的糖质剩下来。

这个事实，能否说是烧瓶 B 多产酵母所致？绝对不能这样说！最初，在液体和空气接触的时候，酵母的产量大，糖质的分解少，这是我们等一下就要证明的。不过和空气接触时所生的酵母，比较有活力。发酵和小球体的繁殖，及小球体已成后的生活，有相互的关系。小球体在形成的时候，接触的氧气愈多，长成后必愈活泼、愈透明，膨胀也愈厉害；而膨胀力愈大，分解力也随之愈大。以后我们还要讲到这种事实。

（3）在没有空气的烧瓶里，酵母和糖的比为 1：89。在最初有空气的瓶里，它们的比为 1：76。从这点我们可以看出，酵母和糖的比是不确定的。这种不确定，和空气的存在，以及酵母吸取氧与否，都很有关系。我们立刻就可以证明：①酵母和普通的真菌相似，有吸取氧和放出碳酸气的能力；②氧可被认为是这植物所吸取的食物之一种；③酵母的吸氧，和吸氧后的氧化作用，都对它的生活、它的细胞的繁殖和它当时或以后在无氧的境地引起糖质发酵的力量有很大的影响。

关于以上无氧的实验，有一点应当注意的就是：这个实验必须有强有力的酵母方才能够成功——方才能使酵母在无氧的环境里繁殖。这句话的意义，我们已经讲过了。但是现在我们要请诸位注意一件与这有关的而且很明显的事。我们把发酵剂加入可发酵的液里，酵母产生，发酵作用因以开始。连续发酵几天，然后停止。当发酵开始时，稍见白沫，后来渐渐地增加，直到布满液面为止。我们假定每隔 24 小时，或较长的时间，从瓶底抽出少许沉降的酵母，用来引起新的发酵作用。用同样的温度和体积，我们持续做了许多性质相同的实验——即使原有的发酵完毕了，我们还不停止。我们不久可以看得出，后面的发酵愈来愈迟，可说是和第一次发酵相隔的时间成比例的。换句话说，芽孢的发育和产生足以引起初期的白沫之酵母所需的时间，以注入的细胞的情形为标准。细胞的年龄愈大，发生效力的时间愈迟。在这种实验里，每次所用的酵母，应当力求其重量或体积的相等。因为其他的情形虽然相等了，注入的酵母愈多，发酵的作用也愈速。

假使我们用显微镜观察每次所用的酵母，我们就可以看出它们的细胞有种渐次的变化。第一次取出酵母的时候，作用开始未久，细胞大致比后来的大；同时它们带着一种特殊的鲜嫩，它们的胞膜特别的薄，原形质的坚度和柔软同水差不多，里面的颗粒几乎不能看见。后来细胞的界限逐渐明显，这可以证明胞膜增加了厚度，它们的原形质也变得更密，颗粒较前分明，呈着不容易看见的小点。平常一个器官的细胞，在幼年和老年的两个时期中间的差别，不会胜过现在所讲的细胞的最大差别。细胞在既经长定后的递进的变化，很明显地表示有很剧烈的化学作用存在。它们的体积虽然没有什么变更，重量可是渐次地增加。这件事实我们常称为"已经长成的细胞之继续的生活"。我们可以说，这是细胞的成熟的作用，和成年的动植物可说是一个样子的。当它们的体积久已固定，甚至失去了繁育的能力，它们还可以继续地活许多时候。

照上述的情形，酵母能在没有氧的地方繁殖，定要有新生的、康健的、充满活力的细胞。它们是在氧的帮助下形成的。新鲜的时候，还有吸取的氧没有用去，就是还没有脱掉氧所给它们的活力。年龄大点的酵母，在没有空气的地方繁殖，颇不容易。即或稍微有些，也是奇形怪状的。它们渐渐地衰老，到后来，它们在没有空气的媒介物里完全失去了效力。这不是因为它们已经死了，我们若用暴露于空气中的液体来培养它们，一般总可以恢复原状。细心的读者大概已经能够运用某些已有的说法，来解释这种生物的如此奇怪的现象。这种现象，我们在未曾清楚了解的情况下，只得用"老""幼"来说明。但是我们不能在这里展开讨论这个问题。

讲到这里，我们应当要注意一桩很重要的事实。市上各种酿酒法都是要和空气接触的，酵母和液体总多少带着一部分的氧。所以在酿酒的全部工作里，总有一个时期，酵母是如上述一样兴盛而有力。在接触空气的时候，酵母很容易吸取氧，立刻呈现新鲜活泼的气象。以后能在没有空气的地方营其发酵工作，全靠着这吸氧的功夫。所以寻常酿酒的时候，发酵作用尚未显著，酵母倒是早已产生很多了。酵母的这种初期生活，和通常的真菌相似。

严格地说，酿酒的发酵也可以维持无限的时间。因为在酿酒的时候，他们不断地加入新的麦芽汁（wort）。在加入的时候，时常可以带入外界的空气。这新鲜空气，就维持着酵母的活力，好像呼吸作用，可以保持生物细胞的生命和精力。若空气无法更换，则细胞原有的活力就渐次地减少，直到发酵停顿了为止。

我们在这里可以详述另外几次实验的结果。这几次实验，和以前的相同，不过所用的酵母比烧瓶 A（见图 2）里的还要陈旧，防止空气的方法也较为周密。我们用煮沸法除去了空气后，并不使烧瓶和皿慢慢地冷却，而是继续煮皿里的液体，同时用人工使烧瓶速冷。此后我们从仍在沸腾的皿中拔出逸气管，很迅速地放入水银杯里。注入发酵剂的时候，不用正在发酵的酵母。我们直等到筒形漏斗里的作用停止以后，再行注入。在这种情形之下，三个月以后，烧瓶里仍有发酵作用。那时我们止住了作用，得到 0.255 克（3.9 格令）的酵母。发酵了的糖质有 45 克（693 格令）。酵母和糖的重量之比是 $0.255:45=1:176$。在这个实验中，酵母因为受到很严格的处置，繁殖得很慢。细胞的形状，有很大的区别，有些是大而狭长的，有些是衰老而明显呈颗粒状的，还有比较透明的——这些我们都可以称为变态的细胞。

做实验的时候，又遇到一种困难情形。不纯粹的酵母，注入未经暴露空气中的液体——加糖的酵母浸出液尤甚，几乎可以断定酒精发酵立刻停止——或者连一点动静都没有；同时附属的发酵作用继续发生。譬如酪酸发酵里的短螺菌（vibrios），在这种情形之下，定能繁殖得很厉害。所以实验要成功，有两个条件：①酵母于注入时必须纯洁；②漏斗里的液体必须纯洁。

因为要实行第二个条件，我们用穿了两孔的木塞塞住图 2 里所示的漏斗，一孔插入短玻管，管的另一头接着装有玻塞的橡皮管；还有一孔里，插入了一支很细的曲管。这样装成的漏斗，其功用等同于我们的双颈烧瓶。我们装进了几毫升的甜酵母浸出液，先行煮沸，可以确定粘在壁上的细菌全被蒸汽杀灭。等到液体一冷，就从玻塞塞住的橡皮管注入微量的纯粹的酵母。这种预防的操作，稍有疏忽，就不能得到满意的发酵，因为注入的酵母会立刻被不靠空气生长的短螺菌压制了，由此不能繁殖。如果要加倍谨慎，我们可以加微量酒石酸在刚制好的液体里，因为酒石酸有防止酪酸短螺菌发育的功效。

现在应当特别注意的是，酵母和被分解的糖的重量比不确定。除上述的实验外，我们还同时进行了第三组的实验。烧瓶 C（见图 4）能装 4.7 升（$8\frac{1}{2}$ 品脱），它的装置和一般的双颈瓶相同。可以先煮沸发酵液，除去细菌，使后来的工作都可以在纯洁的环境里做。这次用的酵母浸出液（含糖 5%）仅 200 毫升（7 液盎司），放在这么大的烧瓶里，不过在瓶底上占了很薄的一层。注入的第二天，酵母的沉降已经可观。48 小时后，发酵就告完毕。我们分析了瓶里的气体，然后又收集酵母。气体的分析很容易，只要将烧瓶安置在热水锅上，使曲管的一端插入装满水银的圆筒里，结果发现里面有 41.4% 的碳酸气。设

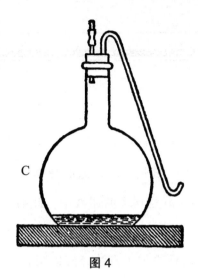

图 4

法将此气吸收后，余下来的空气，有以下的成分：

氧　　　　19.7%

氮　　　　80.3%

总计　　　100%

我们把这个结果与烧瓶的体积一同计算，可以得出酵母吸收的氧至少有 50 立方厘米（3.05 立方英寸）。液体里的糖质完全分解了。沉降的酵母，在 100℃（212°F）的温度蒸干后，有 0.44 克。所以酵母和糖的重量比是 0.44∶10 = 1∶22.7。[①] 这次我们增加了溶解的氧，是要酵母在发酵的初期可以尽量吸收。这样得到的比是约 1∶23，和上述的 1∶76 又不同了。

后来又做了一个实验。在这实验中，我们不用烧瓶，因为烧瓶里的气体是不容易流动的。发酵时放出的碳酸气，立刻在液体的面上停滞着，因此上面的氧就没有机会和液面接触。我们要使气体的弥散更为容易，就用了个扁平的玻制水槽。装入的液体，深不过几毫米（少

———————

① 这次用的液体共 200 毫升，含糖 5%，即糖共计有 10 克。——英译者注

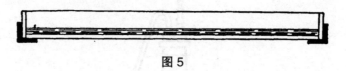

图 5

于 $\frac{1}{4}$ 英寸，见图 5）。有一次实验，详情如下：

1860 年 4 月 16 日，我们注了微量的啤酒酵母（"高" 酵母，high yeast）到 200 毫升（7 液盎司）的甜液中。此甜液含有 1.72 克（26.2 格令）的糖质。从 4 月 18 日起，我们的酵母就已经发育很旺盛了。在收聚酵母以前，我们预先加了点浓硫酸以阻止发酵，从而便利过滤作用。用斐林试剂（Fehling's solution）测验过滤后的液，得知减去了 1.04 克（16 格令）的糖质。酵母在 100℃（212°F）蒸干后，有 0.127 克（2 格令）。所以酵母与发酵的糖的重量比，是 0.127 : 1.04 = 1 : 8.1。和以前的比相较，要高得多了。

但是这个比，还可以增加，只要我们在注入发酵剂以后最短的时间内实行测验。组成酵母的许多细胞是行发芽生殖（budding）的。新细胞长成后，就和母胞分离，所以不多几时，瓶底就被它们覆盖着。先沉降的细胞，被后来的压着，不得和溶解的氧接触。大部分的氧，只得被上层的细胞吸去。所以这种被压的酵母，对糖质发生作用的时候，不能同时得到氧所供给的活力，结果上述的比值就减少了。我们再做以上的实验，等到我们认为产生的酵母已经可以在天平上称得出了，就立刻止住作用。（照我们的经验，用微量的酵母注入，过 24 小时，已经足够。）这一次酵母和糖质的比是 1 : 4。在我们所得到的比值中，这是最高的一个。

在这种情形之下，糖质的发酵是很迟缓的，所得比值和通常的真菌类植物相差无几。放出的碳酸气，大部分是吸取氧后发生的分解作用所形成的。这样看来，酵母可说是和通常真菌类植物有一样的生活和机能——只要它的发酵作用已经停止。我们若用空气包围每个酵母细胞，就可以确定它们已经完全失去了发酵作用的能力。这就是由前述的现象所得到的一些经验。以后我们讲到乳糖对于酵母的影响，还有机会可以作个比较。

讲到这里，要请读者注意另外一个事实。

舒岑贝格尔在他最近发表的关于发酵的论著里，批评我们自上述的实验中得到的结论，并且反对我们对于发酵作用的解释。[①]要想指出他的理论之弱点，是很容易的事。我们测定发酵剂的力量，就是要看被分解的糖之重量和产生的酵母之重量所成的比。舒岑贝格尔说，我们这个做法，是基于一个可以怀疑的假定。他说这个力量——他称之为发酵力——应当用单位重量的酵母，在单位时间所分解的糖之重量来测定。他又说，我们的实验，明白地表示酵母在充分的氧中比较有力，而且可以在较短的时间内分解较多的糖。所以在这情形之下，酵母的发酵力比没有空气的时候要大。因为没有空气的时候，糖的分解是很慢的。总而言之，他的意思是要从我们实验的结果，得到和我们恰好相反的结论。

舒岑贝格尔没有注意到一点，就是发酵剂的能力，和作用的时间毫无关系。我们不过放了点酵母在 1 升的甜液里，后来酵母就繁殖，同时糖质也渐次地被分解，直到完毕为止。这里面的化学作用，并不因为所需的时间是 1 天、1 月或 1 年而有所不同；好比重 1 吨的物质从地上抬到屋顶，费去 1 小时还是 12 小时，与工作的性质并没有多大的关系。所以"时间"的观念和"工作"的定义全无关系。舒岑贝

---

① 参阅 *International Science Series*, vol. xx, pp.179-182, London, 1876。

格尔也没有想到，假如发酵剂的力量和"时间"有关，那就还要想到发酵剂细胞的活力——这是和发酵作用毫无关系的。其实，除了被分解的可发酵的物质的重量和产生的发酵剂的重量能发生关系而外，其余就没有什么与发酵剂和发酵作用有关的了。发酵剂和发酵作用的现象，所以要特别提出来分说，就是因为上述的比在有几种化学作用里太不相称。不过完成这些现象所需要的时间，和发酵作用的存在与力量，是毫无关系的。发酵剂的细胞，在某种情形之下，需要8天才能完成它们的工作；在另一种情形之下，或者只要几小时就够了。换言之，我们若加入"时间"的观念，去测量它们的力量，那么，讲在前的实验就要说它几乎全无力量；讲在后的实验，就要说是力量很大。但是我们前后所研究的，都不过是这一样的生物——某种发酵剂——罢了。

舒岑贝格尔又说，照我们的见解，糖的分解，是糖内化合的氧给酵母适当的营养所致。不过他曾经看见在有氧的地方，发酵作用也能维持，因此他觉得很惊奇，而且表示，无论如何，有游离的氧存在的时候，发酵应当要慢点。但是，究竟为什么要慢呢？我们之前已经证明了，有了游离的氧，各细胞的活力就能增加。所以单看作用的速度，它们的力量自然是增加了；但是，讲到发酵的力量，或者可以因此减少。实际上的确是这样。游离的氧能给酵母活力，同时能减少它的发酵力。因为它受了这种氧的影响，就有渐次地改变生活以和通常真菌类相同的趋势。就是说被分解的糖和新生的细胞的重量比，与非发酵剂的生物间所发生的比趋同。换句话说，我们从各种由观察得来的事实中得出一个结论：就是接触着氧的酵母，尽量地吸收了它们营养上必需的氧，就完全失去做发酵剂的能力。不过，在氧中生长的酵母，一旦在没有空气的地方接触到了糖质，就能够在相等的时间内，比在他种情形之下长成的酵母分解更多的糖量。这是因为在空气里长成的酵母，尽量地吸收了游离的氧，比无氧的或氧量不足的环境里长成的酵母来得新鲜，并且含有较大的活力。舒岑贝格尔将这种较大的活力与"时间"的观念联系在一起。但是他未曾注意到，要酵母表现这最大的"能"，必须彻底地改变它的生活状况。——就是要在作用的时候，隔绝空气，绝对不使其吸取游离的氧。换句话说，它的呼吸等于零的时候，它的发酵力就达到最大。舒岑贝格尔的意见正和我们的相反（见 1875 年他在巴黎出版的著作第 151 页[1]），他毫无根据地立于和事实敌对的地位。

酵母在空气充足的地方，发育得特别旺盛。我们测定数小时里产生的新酵母的重量，就可以看出这点。用显微镜观察生芽的速度和那些细胞的鲜嫩活泼的境况，更可以明显地表示它们的活动状态。图 6 所示的是我们在最近的实验中，刚把发酵作用止住时的酵母。图中的小堆，全是照原来的形状画出来的，绝没有一些做作和幻想。[2]

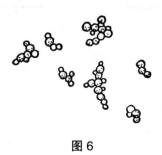

图 6

在继续讲正题目以前，我们不妨提到另一件事情。上述的结果，不多时，就有人应用了。现今办理完善的酿酒厂，已经有很多把未发

---

① 英文版第 182 页。——英译者注
② 此图较原物放大 300 倍。书中类似各图，大多是放大 400 倍的。

酵的麦芽汁等液体先行放在空气中暴露，使以后的作用更为容易。混合了水的糖浆在加入酵母的时候，使其散成细丝，经过空气。还有许多制造场，专为制造酵母而设。未发酵的甜液，装在大而浅的缸里，加入了酵母后，就任意地放在有空气的地方。这简直就是我们在 1861 年做的实验，不过规模大点而已。（这一实验，在我们讲到如何测定酵母在空气里繁殖的时候，已经详述过了。）

　　以后的一个问题，就是若使酵母和空气有充分的接触，使它可以尽量地吸取氧，我们该怎样测定定量的酵母所吸取的氧之体积。为了这个题目，我们需要再做以前用大底烧瓶（见图 4）做的实验。这一次用的器皿，形似图 7 的烧瓶 B。其实就是烧瓶 A，用火焰拉长了瓶颈，然后再密封颈口。不过在封口以前，先加入了含微量纯酵母的糖液。

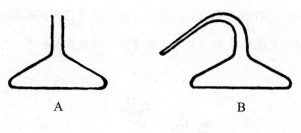

图 7

　　实验的情形和结果如下：

　　我们用的是酵母浸出液 60 毫升（约 2 液盎司）。另外我们又加了 2% 的糖和微量的酵母。我们将烧瓶放在常温 25℃（77°F）的恒温箱中，15 小时后才取出。再把拉长了的尖头，安置在倒立水银槽中的瓶的口下。放妥后，将尖头击碎，一部分气体从尖口逸出，集在瓶中。我们分析此气体，结果每 25 立方厘米，经碳酸钾吸收后，剩下 20.6 立方厘米；经焦性没食子酸（pyrogallic acid）的吸收，剩下 17.3 立方厘米。我们算得留在瓶中的气（瓶的容量为 315 立方厘米），才晓得被吸收的氧有 14.5 立方厘米（0.88 立方英寸）。[①]酵母在蒸干后的重量是 0.035 克。

所以产生了 35 毫克（0.524 格令）的酵母，就表示吸取了 14 ～ 15 立方厘米（约 $\frac{7}{8}$ 立方英寸）的氧——假定酵母的生长完全靠着氧的话。这就是说，酵母 1 克，吸取 414 立方厘米的氧。这就是酵母依照真菌类同样地生活，每克所需的氧。（相当于每 20 格令吸取 33 立方英寸的氧。）[②]

到这里，我们可以回头看前述第一次的实验（第 5 ～ 7 页）。那一次，我们用一个容量 3 升的烧瓶，装满了可发酵的液体。作用后所产生的酵母有 2.25 克（34 格令）。不过根据当时的实情计算，这 2.25 克的酵母，至多只能得着 16.5 立方厘米（约 1 立方英寸）游离的氧。如果照以上所述，酵母不能在没有氧的环境里生长，换句话说，如果酵母细胞必须吸氧后方能繁殖，那么这 2.25 克的酵母至少吸取了 2.25 乘 414 立方厘米，即 931.5 立方厘米（56.85 立方英寸）的游离氧。这样看来，这 2.25 克的一大部分，一定是可以不需氧而生长的。

---

①不明白计算过程的读者，请看以下的解释：由瓶中放出的 25 立方厘米的气体，成分当然和全体的气体相同。据正文里所载的数目，我们可以晓得：①25 减去 20.6 为 4.4 立方厘米；被碳酸钾吸收的，自然是碳酸气。②20.6 减去 17.3 为 3.3 立方厘米；被焦性没食子酸吸收的，自然是氧。最后剩下来的 17.3 立方厘米是氮。烧瓶的容积是 312 立方厘米。这 312 立方厘米的气体所含的氧的成分，自然是和那 25 立方厘米里的相同。我们晓得瓶内气体的总量（在未开的时候），就可以计算瓶中的氧量。我们也晓得空气平常含氧，约占体积的 $\frac{1}{5}$，其余 $\frac{4}{5}$ 是氮。所以，只要确定瓶内实际上氧量减少多少，就可以计算被酵母吸收的氧的立方厘米。原著者没有供给计算所需的资料，不能代他演算一遍。——英译者注

②这个数目，恐怕太大。酵母的重量之增加，即在上述实验的特殊情形之下，亦不至于完全没有非游离氧的氧化作用，因为一部分的细胞，是被另一部分的细胞覆盖着的。酵母的重量之增加，总不过有两种活动力——有空气的和无空气的活动力。我们还可以缩短这实验的期限，这样就更进一步地使酵母的生活同化于通常真菌类的生活。

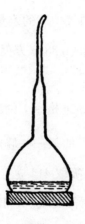

图 8

通常的真菌类也需要较多的氧方才可以生长。我们可以在装满空气的器皿里，培植一点霉菌，然后再测定该菌的重量和被吸收的氧之体积。我们用的烧瓶，可容 300 毫升（约 $10\frac{1}{2}$ 液盎司），状如图 8。我们预先放入适合霉菌生活的液体，再将该液煮沸。等到瓶内的空气被水蒸气完全（或部分）驱出后，立刻用火焰密封了那拉长的尖头。我们在室内或花园中将烧瓶打开，如果有霉菌的芽孢闯入瓶中——实验时有许多这样的烧瓶，除非有什么特殊情形不在此列，总有几个瓶可以得到些芽孢——这芽孢就会发育，渐渐地将瓶里的空气尽行吸收去。第二步，就是测定被吸取的空气之体积和干燥后的新生菌丝（mycelium）——或为菌丝连同它的结果器官（organs of fructification）——之重量。有一个实验里的菌丝，我们在发育后一年再称，结果是每 0.008 克（0.123 格令）的菌丝（在 100℃，即 212°F 蒸干）在 25℃ 的温度，吸取了 43 立方厘米（2.5 立方英寸）的氧。这种数目，当然是随着霉菌的性质和发育的程度而异，因为这种变化时常有附带的氧化作用，譬如葡萄酒醭酵母（*mycoderma vini*）和醋酸醭酵母（*mycoderma aceti*）就是如此。上述所吸取的氧，比较而言，体积确实是很大，可以断定也是为了这个缘故。[①]

　　从以上的事实得到的结论，绝不会再引起怀疑。我们做过这些实验的人，自然毫不犹豫地认定这事实上是发酵的原理之基础。从以上的实验，我们深信通称为酵母的这类发酵所引起的作用，确实是一种绝氧的营养、同化和生活之直接的结果。这些作用所需要的热，必为发酵的物质在分解的时候所产生的。（糖和其余的不稳固的物质，在分解的时候，总要放热。）这样说来，酵母的发酵作用大致是靠着它的呼吸作用。这种单细胞植物有一种神秘的能力，可以从糖质里吸取已经化合的氧。它的发酵力（fementative power）——这里的所谓发酵力和发酵的活动力（fermentative activity）或在指定时间以内之分解的强度绝对不同——有很大的出入，不过也有两个界限。这界限就是该植物在得到营养时所吸取的氧之最大量和最小量。我能给它足够的游离氧，使它可以维持生命，得到适当的营养和呼吸作用，就是说，使它能够有和通常霉菌类一样的生活，那么它就失去了做发酵剂的能力。它那时所产生的植物和分解的糖质之重量比，都和霉菌类的比相仿佛。[②] 假使我们完全隔绝了氧，将酵母放在完全没有游离氧的糖液

　　[①] 这几个实验的时候，霉菌和甜麦芽汁在没有氧的地方——因为原有的氧早被那菌所吸收——活了好久。据我们的观察，那菌并不在氧吸完后立刻失去它的活动力，这是因为有少量的醇同时产生（参看 *Mémoire sur les Générations dites Spontanées*, p.54, note）。在 1873 年 8 月 15 日那天，我们将 100 毫升未发酵的葡萄汁，装在容积 300 毫升（10 盎司）的烧瓶里，用煮沸法除去了空气。我们打开了烧瓶，但是立刻又关闭。不久，有种特殊的、绿灰色的菌自然地生长，液体原有的棕黄色也被它化去。有几粒金刚钻似的中性酒石酸钙的结晶体在瓶底沉淀出来。一年以后——那菌早已死去——我们方才检验那液体，结果里面有醇 0.3 克（4.6 格令），和植物 0.053 克（0.8 格令）（在 100℃，即 212°F 蒸干）。我们断定开瓶时霉菌确实已死，是因为我们将它培植以后，一点也没有生气。

　　[②] 劳林的要录里有这么一句："糖的重量和有机物的重量——糖所帮着造成为霉菌的重量——之最小比（minimum ratio）为 10 : 3.2 = 3 : 1。"（Jules Raulin, *Études chimeques sur la végétation. Recherches sur le développement d'une mucédinée dans un milieu artificiel*, p.192, Paris, 1870.）关于酵母，我们已经晓得，最小比是 4 : 1。

里，它也能和有空气的时候一样繁殖；所差的就是活动力较小。在这种情形之下，它的发酵性最旺盛，同时我们所得到的重量比——所产生的酵母和分解的糖质之比——最不相称。最后要注意这一点：若游离的氧量每次不同，酵母的发酵力就在上述的两个极端界限里增加或减少。我们觉得，除了这事以外，找不出更适当的事实来证明发酵作用与生命的直接关系——自然是就没有氧的或氧量不足的发酵作用而言。

还有在前已经证明过的一件事实，可以证明这个原理是正确的。通常霉菌在缺乏空气的地方，或在空气的量不足供给适当的营养的地方，都能够表现发酵剂的性质。所以发酵剂有一种特性，是和通常霉菌类相同，甚或可以说是有生命的细胞都有的，不过在发酵剂而言比较旺盛而已。这个共有的性质，简括地说，就是随着身处的环境的变迁，可以随时营一种好氧的或厌氧的生活之能力。

酒精发酵剂在氧中的生活为什么不曾引起众人的注意，并不是件难以明了的事。这种发酵剂，在培植的时候，总是隔绝了空气，安放在饱和了碳酸气的液体中的，空气不过在它们的芽孢发育的初期存在；并且后来在缺乏空气的环境中生长，生命和作用的日期都很长，因此就未曾引起实验者的注意。要明了酒精发酵剂受了游离氧的支配呈现出怎样的现象、生活情况若何，需要特制的仪器。但是能够引起我们注意的，就是它们离开了氧，在液体底下的生活。虽然，它们的作用之结果（指在氧中的作用）很惊人。我们只要看以它们为中心的重要实业所得到的产物，就可以感受到它们的伟大的力量。讲到通常的霉菌，话就要翻转来说了。我们研究这种植物，也要用特别的仪器，是因为我们想证明它们在缺乏空气的环境里，可以在短时间里持续生存。我们对于它们所注意的，是关于它们在氧中发育的速度。糖质的分解本为菌类无氧生活的结果，这里差不多看不见，所以实际无大关系。但是它们在氧充足的地方受到游离氧的作用，进行呼吸和氧化的作用，是个很寻常的现象，而且可以很持久；所以最粗心的观察者，也不容易忽略过去。我们深信，将来总有一天，能够在实业上利用霉菌毁灭有机物质的力量。酒精能变成醋，霉菌作用于湿的五倍子，能造成五倍子酸（gallic acid，又称没食子酸），都和上述的现象有关。[①] 关于这个问题，读者可以参考范第（Van Tieghem）的著作，见《巴黎高等师范学校科学纪事（第 6 卷）》（*Annales Scientifiques de l'Ecole Normale*，vol.vi）。

通常的霉菌，能在绝氧的环境里生长，是因为构造上有某种变态的缘故。绝氧生长的能力愈大，这类的变态也愈显著。葡萄酒青霉（*penicillium vini*）和葡萄酒醭酵母（*mycoderma vini*）并没有表现出什么看得出的变化；曲霉菌（*aspergillus*）就很显著。它的内层菌丝有增加直径的趋势，并且在很短的一段上产生很多横隔膜。有时候看上去，颇似链形的分生孢子（conidia）。毛霉菌（*mucor*）也有很显著的变化，其膨胀的菌丝交错在一起，呈现出一行一行的细胞。这些细胞能互相分离和发育，渐次地长成一大堆。详细地研究一下，我们可以证明酵母有相同的特点。

有了理论，然后我们可以根据这种理论去做许多实验。如果这些实验的结果，有较为新颖的科学上的事实可以做证，那么这种理论就得到了很确实的证据。我们上述的理想，就处于这种地位。我们在

---

① 将来我们可以证明，霉菌于生长时发生的氧化作用，在分解某些成分时，能产生巨量的氨气。我们也可以设法调节这种作用，利用它从有机的废物堆里提取氮质。人造的含氮物，因此也可以增加硝酸盐的成分。我们曾经在湿的面包上培植各种霉菌，不断地通入空气，得到很多的氨气。此氨气是霉菌分解蛋白质时产生的。天门冬（asparagus）和另外的几种动植物的分解，也产生了同样的结果。

1861 年首次发表这理论，到现在非但从没有被动摇，还可以用来引出新的事实，所以现在为这理论辩护比在 15 年前要容易。我们初次提出这理论，是在巴黎化学学会（1861 年 4 月 12 日和 6 月 28 日的两次会议最为重要）宣读各种记录，也以论文形式发表在《法国科学院院刊》（*Comptes rendus de l'Académie des Sciences*）。我们在这里转录在 1861 年 6 月 28 日发表的报道，题目是 "氧对于酵母的发育和酒精发酵的影响"（Influences of Oxygen on the Development of Yeast and on Alcoholic Fermentation），这篇文章原载于《巴黎化学学会简报》（*Bulletin de la Societe Chimique de Paris*）。

巴斯德给出了他研究糖质发酵和酵母细胞的生长之结果。他的报告分为两部分：（一）无游离的氧发酵作用之结果；（二）接触着氧的发酵作用之结果。他的实验和盖-吕萨克（Gay-Lussac）的迥然不同。因为盖-吕萨克先在绝氧的环境里压碎葡萄，然后使它的汁和空气接触。

发育完成了的酵母，可以在无空气或无氧的甜液或蛋白质液中发芽和生长。在这种情形之下，发酵作用迟缓，产生的酵母为量极小，分解的糖质为量较大——通常总有酵母的 60～80 倍。

假使这种实验是在空气中做的，同时液体的面积也很大，那么发酵作用就很迅速。如分解的糖量和以前的相等，新生的酵母就要增加许多。和液面接触的空气被酵母吸取，酵母就发育很快。但是它的发酵力也同时递减。实际上，产生了一份酵母，分解的糖不过 4～10 倍罢了。不过，酵母的发酵力还可以恢复，而且可以较前加大，只要立刻去除氧，使它（酵母）和糖质接触。

所以，我们很自然地承认，酵母不受空气的影响，营它的发酵任务的时候，必须从糖质中提取氧质。我们也应当承认，这吸取作用就是它的发酵力的根源。

巴斯德以为发酵开始时的活动力，是液体里溶解的氧所致的。他又发现，将啤酒的酵母加入蛋白质液中（譬如酵母浸出液），虽毫无糖质，酵母仍可以繁殖——只需有过量的游离氧存在。若在这种情形之下除去氧，酵母绝不会发芽。用不能发酵的糖（如结晶的乳糖）掺和了蛋白质液，重复同样的实验，得到的结果完全一样。

在无糖的环境里生长的酵母，并没有什么性质上的差异。在隔绝空气的地方，使它和糖接触，酵母仍能发酵。不过要注意的就是若无可发酵的物质供给它食物，它就不容易生长。总之，啤酒酵母和通常的植物的作用相同。假如通常的植物能够从不稳固的化合物里提取氧质，那么，我们就几乎可以认为这种相似是完全的。巴斯德还说，若真的如此，这种植物就可以作该化合物的发酵剂。

巴斯德继续说，他希望将来能够达到这种目的，其意思就是希望将来可以发现一种特殊的情形，可以使这种低等植物在有糖无氧的环境里生存，而且可以像啤酒酵母一样产生发酵作用。

以上的结论和预测，现在非但未曾失去效力，反而随时增强。以上两节里的揣测，已经有勒侠蒂（Lechartier）和贝拉密（Bellamy）两位最近的研究和我们自己的实验可以证明。不过在叙述这种关于发酵的奇特的现象以前，我们要请读者留意以前的结论里的一句是如何的准确，即是说，酵母可以在蛋白质液中繁殖，哪怕那里面有一种不能发酵的物质（如乳糖）存在。以下就是为这事做的实验。

1875 年 8 月 15 日，我们在 150 毫升（稍多于 5 液盎司）的酵母浸出液里注入微量的酵母，在水里预先溶解了 2.5% 的乳糖。此溶液是在前述的那种双颈瓶里制备的。注入的酵母，绝对的纯粹。各种必要的防菌措施也都施行过。三个月后，在1875年11月15日那天，我们测验那液体，只发现极微量的醇。将产生的酵母（可以看得出）搜集起来，在滤纸上蒸干后，称得0.05克（0.76格令）。此酵母的生长一点也没有引起什么发酵作用。它们很像真菌类植物，吸氧和放碳酸气。后来繁殖停止，可以无疑地断定是因氧量渐渐减少的缘故。烧瓶中充满碳酸气和氮以后，酵母的活力全靠着因温度的增减而进去的空气，而且和这空气的量成正比例。现在产生了一个问题：这种完全像真菌类生长的酵母，是否还有发酵力？因为要解决这问题，我们在1875年8月15日那天装置了另一个烧瓶。这个烧瓶和第一个完全相似，所以后来的结果也是完全一样的。到11月15日，我们就将这烧瓶里的液体倒出，在剩下的酵母上加了点未发酵的麦芽汁。我们将它们放到恒温箱里，不到5小时，麦芽汁就受了此酵母的力而产生发酵作用。我们可以看到升向液面的气泡。我们还应当声明，在上述的媒液里，酵母若不和空气接触，绝对不会生长。

任何人都需要认识到这个结果的重要性。它们很明显地证明，酵母的发酵性并不是酵母的生活中必有的现象。它们表明酵母和通常植物没有什么差异。酵母的发酵性，不过在不得已的时候，处在某种特殊的环境里，方才能发现。它可以有发酵地或无发酵地，继续它的生命。以前绝对没有发酵的征兆的，只要给它适当的环境，立刻就可能表现这种作用。所以发酵性并不是几种特殊的细胞之特性，也不是一种特别的结构之永久性质——如酸性、盐基性等。这种发酵性，实在是一种依赖着环境和生物体营养条件的特性。

▶ 舍勒（Carl Wilhelm Scheele，1742—1786），瑞典裔德国化学家。他于 1770 年发现了酒石酸。

▼ 酒石酸样品。

▶ 巴斯德发现酒石酸有两种晶体，分别产生右旋和左旋现象，两种晶体的混合使得旋光性消失。这一发现解决了困扰科学界的米切尔里希难题，即外消旋酸不旋光之谜。

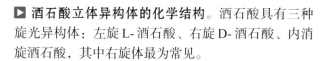

▶ 酒石酸立体异构体的化学结构。酒石酸具有三种旋光异构体：左旋 L- 酒石酸、右旋 D- 酒石酸、内消旋酒石酸，其中右旋体最为常见。

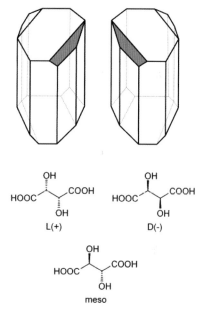

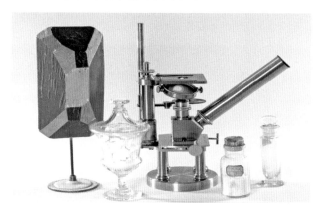

▲ 巴斯德用于研究酒石酸旋光性的仪器。

▶ 毕奥（Jean-Baptiste Biot，1774—1862），法国物理学家、天文学家和数学家。巴斯德曾将左旋结晶和右旋结晶送给毕奥检查，得到了毕奥的肯定。他还向毕奥报告，他用人工转换的方法，由酒石酸制备出外消旋酸，同时还得到了中性的、不旋光的酒石酸。

◄ 埃及玫瑰十字博物馆中展出的埃及人制作啤酒的木像。酿酒是世界上最古老的食品加工方式之一，发酵也是人类较早接触的一种生物化学反应。酿酒的历史可追溯到新石器时代，伊朗西部札格罗斯山脉的戈丁山丘一带，苏美人留下了关于酿酒的记录和遗迹。

◄ 法国人采收用于酿酒的葡萄。酿酒业是法国的重要产业。

▼ 显微镜下的酿酒酵母细胞。

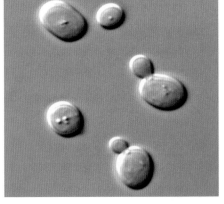

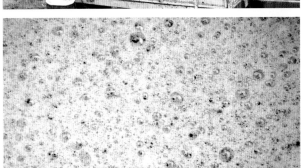

◄ 酵母使啤酒发酵，产生大量气泡。

▶ 列文虎克（Antonie van Leeuwenhoek，1632—1723），荷兰博物学家、显微镜学家。他利用自制的显微镜最早发现了微生物，包括细菌、原生动物和其他单细胞生物，因此被称为"原生动物学和细菌学之父"。列文虎克也曾观察到制作啤酒时沉淀下来的酵母，但是却未能意识到其具有生命。

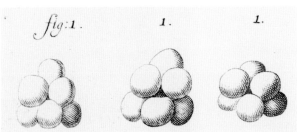

◄ 1680 年，列文虎克用自制显微镜观察啤酒后，画下了这幅画。他可能是第一个看到酵母的人。

▶ 施旺（Theodor Schwann，1810—1882），德国医生、动物学家，细胞学说的创立者之一。施旺认识到酵母是一种微小生物，具有细胞结构，能以出芽的方式增殖，发酵与生命现象有关，这是发酵"生命说"的雏形。

◀ 李比希（Justus von Liebig，1803—1873），德国化学家，创立了有机化学。他认为发酵是有机物质的化学分解过程，这就是关于发酵的"化学说"。这一说法在当时的发酵研究中占据统治地位。

▶ 贝采里乌斯（Jöns Jacob Berzelius，1779—1848），瑞典化学家。他支持发酵的"化学说"，将发酵的特性归结为催化作用。

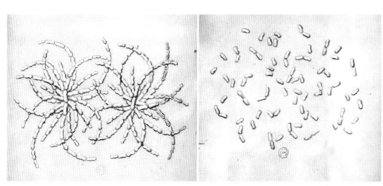

▲ 巴斯德在发酵研究中观察到的醋酸醭酵母（醋酸菌，左）和乳酸酵母（乳酸链球菌，右）。

▶ 酵母的两种状态。巴斯德通过实验，观察到酵母存在两种状态：左边是失去活力的"衰老"状态，细胞膜厚，颗粒分明，右边是恢复活力的"年轻"状态，细胞膜薄，鲜嫩柔软。"年轻"的酵母是在氧的帮助下形成的。在无氧环境下，酵母营无氧生活，分解糖分，产生酒精、二氧化碳等代谢产物，这就是发酵。

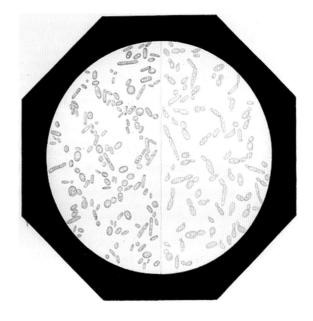

▶ **巴斯德的加热杀菌实验**。这一实验表明液体的腐败是由于空气中的尘埃上附着的微生物导致的。这推动了"巴氏灭菌法"的产生。

◀ **鹅颈瓶**。巴斯德以鹅颈瓶进行实验，证明煮沸的肉汤仅有空气而没有尘埃进入时，不会出现导致肉汤变质的细菌，由此否定了"生物可随时随地自然发生"的自然发生说。

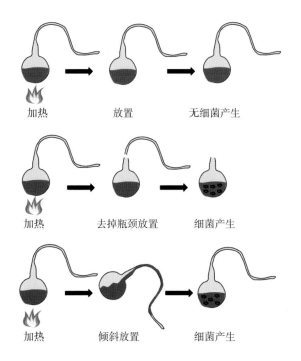

加热　　　放置　　　无细菌产生

加热　　　去掉瓶颈放置　　　细菌产生

加热　　　倾斜放置　　　细菌产生

◀ **巴斯德在高海拔地区测试培养基**。通过将大量圆肚烧瓶装上培养基，带到不同地区和不同海拔条件下进行实验，巴斯德得出结论：飘浮于空气中的尘埃是侵入培养基中生物的唯一来源，是培养基变浑浊必不可少的条件。

▶ **空气中的各种微生物**。图中描绘的各种微生物，均出自巴斯德所发表的批评自然发生说的论文。

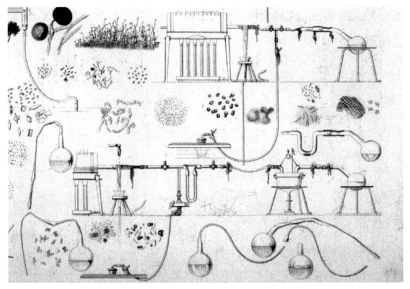

▶ 巴斯德夫妇到葡萄产地对患枯叶病的葡萄藤进行采样后，在返回的火车上。巴斯德用这些葡萄藤开展了啤酒变质问题的研究。

◀ 用加热的方法给木桶中的啤酒灭菌。巴斯德发明了用适当温度加热和保温一定时间为啤酒等制品灭菌的方法，这就是鼎鼎大名的巴氏灭菌法。巴氏灭菌法在酿酒业、制醋业和牛奶业等领域广泛应用，有效地减少了因食品变质造成的经济损失。

　　巴斯德还天才地预见到某些疾病（特别是传染性疾病）致病的主要原因也是微生物的作用。他将用于酒、奶等有机物的加热灭菌法推广到医学领域，发明了高温灭菌法，他建议外科医生用火焰对外科手术器具进行杀菌。

◀ 塞麦尔维斯（Ignaz Semmelweis，1818—1865），匈牙利医生。他曾推断医院里发生的产褥热是由于医生们通过受污染的双手和器械将"毒物"带给了产妇，要求医生在接生前先用漂白粉仔细洗手。然而当时这一论断并没有受到医学界的重视。

▶ 塞麦尔维斯的著作《产褥热的病原、症状与预防》。

▶ 李斯特（Joseph Lister，1827—1912），英国外科医生。他致力于研究外科手术中的灭菌方法。巴斯德的一系列实验和学说，为他的设想提供了理论依据。由此，李斯特开启了外科手术消毒操作的先河，包括：医生应穿白大褂，手术器具要高温处理，手术前医生和护士必须洗手，病人的伤口要在消毒后缠上绷带等。后来，他又将消毒操作应用到输血和输液中。这些措施对后世产生深远影响，拯救了万千患者的生命。

◀ 中国17世纪科技著作《天工开物》中的版画，表现了养蚕步骤之一：将蚕放在在筛席上结茧。19世纪，法国汉学家儒莲曾将《天工开物》中与养蚕相关的内容译介到欧洲。

▲ 巴斯德著作插图：健康的蚕。

▲ 蚕茧。

▲ 18世纪法国里昂生产的丝织品。养蚕业的兴盛使法国的丝绸织造业也有长足的进展。

◀▶ 染病的蚕及蚕茧。

▽ 巴斯德提出选育健康蚕种的方法，由此挽救了养蚕业和丝绸织造业。

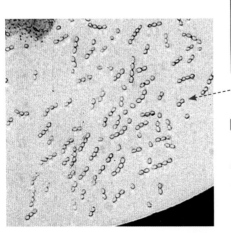

◀▲ 导致蚕病的病原体。巴斯德用显微镜仔细观察研究各发育阶段的蚕，找到了蚕病的根源。

▶ 詹纳（Edward Jenner，1749—1823），英国医生、科学家，被后世称为"免疫学之父"。他开创了疫苗的概念，发明了世界上第一支疫苗——用牛痘制成的天花疫苗。天花疫苗拯救了无数人的生命。他的工作还为后人的研究奠定了基础，引导巴斯德、科赫等人针对其他疾病寻求治疗和免疫的方法。

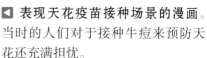

◀ 表现天花疫苗接种场景的漫画。当时的人们对于接种牛痘来预防天花还充满担忧。

▶ 科赫（Robert Koch，1843—1910），德国医生、细菌学家，细菌学的创始人之一。他发现了炭疽杆菌、结核杆菌和霍乱弧菌。因"对结核病的相关研究和发现"，于1905年获诺贝尔生理学或医学奖。

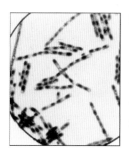

◀ 炭疽杆菌。科赫最早分离出了炭疽杆菌，并指出这种杆菌是炭疽病的病原，但当时有不少学者表示怀疑。巴斯德通过严谨的实验，证实了炭疽杆菌为炭疽病的病因，澄清了学界在这一问题上的混乱看法。

▶ 炭疽病免疫试验。1880 年，巴斯德宣布炭疽病人工免疫取得重大进展。第二年，一场公开的免疫试验在普伊−福特农场进行。经过免疫接种的 25 头绵羊无一发病，未接种的绵羊全部病死。试验引起了轰动。炭疽杆菌疫苗的应用给法国乃至全世界的畜牧业带来巨大收益。

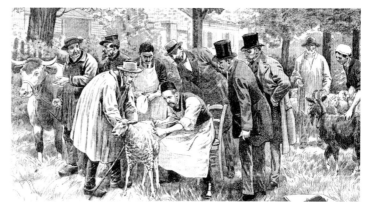

◀▲ 中世纪的一部阿拉伯语书籍插画和中世纪的木刻版画，表现了疯狗伤人及疯狗与人搏斗的场景。在巴斯德发明狂犬病疫苗前，疯狗咬人所引发的狂犬病曾导致无数病人悲惨死去。

▲ 巴斯德指导助手将疯狗的脑汁接种至兔子的大脑。

▲ 巴斯德仔细观察接种了疯狗脑汁的兔子。

▲ 4名被疯狗咬伤的小男孩从纽约赶到巴黎接受狂犬病疫苗注射，成功活了下来。

▲ 9岁的约瑟夫·梅斯特是全世界第一个接受狂犬病疫苗注射的犬伤患者。他活到了64岁。

◀ 时事漫画"巴斯德热潮——恐水症患者的黄金时代"。当时媒体铺天盖地的报道，反映了狂犬病疫苗引发的轰动。

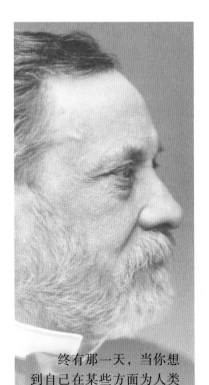

终有那一天，当你想到自己在某些方面为人类进步、为人类福利做出了贡献，你会感到无比幸福。

二

浸入碳酸气的甜果之发酵

· II Fermentation in Saccharine Fruits Immersed in Carbonic Acid Gas ·

　　浸入碳酸气的果子会立刻产生酒精。有空气包围着的时候，它们照常过它们的好氧的生活，绝对没有发酵。把它们放入碳酸里，它们立刻开始厌氧的生活，引起糖质的发酵，而同时放热。

发酵的化学现象，原因何在，我们已经逐步地发现了。我们对于这种现象所设定的理论，既简单而又普遍。发酵已经不是从前那种孤立的、神秘的、不可解释的现象。它是在某种情形下发生的营养作用的结果。这种特殊情形，和通常动植物中所见的不同。不过各动植物处于这种情形下，多少也能受些影响，从而表现些发酵性。我们还可以想象，任何有机的生物、任何动植物细胞都有发酵性。只需其细胞的同化和排泄作用，可以在没有游离氧的地方，维持一个短的时期。换句话说，这些细胞，必须能够利用某种物质的放热分解，供给本身的需要。

既然有了以上的结论，我们觉得，要证明大部分的生物都能表现发酵作用，并不是件十分为难的事。我们确实晓得，差不多没有一样生物是在其生命忽然断绝的时候，化学作用也同时停止的。有一天，我们在实验室里发表这种意见时，有位杜马（Dumas）先生也在座，他很有对此意见表示同意的趋势。所以我们又说：

"我们预备打个赌：假如我们现在把一束葡萄掷入碳酸气中，我们预料，立刻就有醇（酒精）和碳酸气产生。这是因为葡萄内部的细胞里发生了一种新的作用，使它们有和酵母一样的效力。我们现在就做这实验。明天你来的时候（当时杜马正在我们的实验室里工作），我们告诉你实验的结果。"

我们的预言的确实现了。后来我们就想在杜马先生面前（他也帮

◀ 巴斯德在实验室里做实验

我们做实验）找到葡萄里的酵母，但是我们并没有找到。[①]

因为上述的实验得到了很好的结果，我们就在高等师范学校的园子里，搜集了许多葡萄、橘子、梅子以及一个西瓜和大黄的叶子，分别做了实验。每个实验，都得到了一样的结果。把它们放入碳酸气以后，一样有醇和碳酸气产生。我们又用几个梅子做了个实验，得到以下惊人的结果[②]：在 1872 年 7 月 21 日，我们在玻罩底下放入 24 颗梅子（梅子是前一天摘下的），并即刻以较多的碳酸气充满玻罩；又在玻罩的旁边放了 24 颗梅子，露在外边。到第 8 天将梅子取出，和露在外面的那些比较，发现很大的差异——几乎不能相信的差异。露在空气中的梅子已经变软了，水分和糖质也都增多。〔我们从贝拉德（Bérard）的实验晓得，露在空气中的水果吸取的氧和放出的碳酸气体积差不多相等。〕但是放在罩里的梅子，还是很坚硬的，水分也没增加，不过糖质倒是减了许多。最后我们将它们压碎了，用蒸馏法得到酒精 6.5 克（99.7 格令），略多于梅子总重量的 1%。我们在哪里还可

①　要确定曾经浸入碳酸气的果类缺乏发酵的细胞，应该先去掉果的外皮，并且要注意勿使下层的软组织（parenchyma）和它接触。不然，外皮上的微小有机物恐怕要引我们步入歧途。我们在研究葡萄的时候，得到点知识，使我们能够解释一件很寻常的，但不知所以然的事实。我们大家都晓得，酿酒葡萄（vintage）是从枝上摘下、掷入木桶里任它和擦破皮的葡萄的汁混在一起而成的。它有种特殊的气味，和未曾擦伤的迥然不同。我们发现，浸入碳酸气的葡萄和酿酒葡萄有同样的气味。这是因为酿酒葡萄的桶里，有碳酸气包围着那些葡萄，所以那里面的发酵作用和浸在碳酸气里的葡萄一样。这种事实，颇有研究的价值。譬如说，现在有许多葡萄，一部分，我们尽力地压榨，使那软组织里的细胞，完全地分离；还有一部分，我们任其自在（大都是整个的），照寻常的酿酒方法办理。这样制备的两份葡萄酒，究竟有怎样的区别，确实是件很有趣味的问题。第一份的酒，应该不会有浸入碳酸气的葡萄的气味。我们若能如此地比较一下，就可以决定现时很通行的，但并没有彻底研究过的新法——用圆筒压榨机压葡萄的方法——利益怎样。

②　有时，我们在露于空气中的果类和其他的植物里发现少量的醇。不过它所占的比例总是很少，从各方面看来，似乎是偶然发生的。我们很容易了解，果类的内部必有不能接触空气的部分。在这种地方，它们的作用应当和浸在碳酸气里的果类相同。而且醇是否是植物生长的寻常产物，也是个值得考察的问题。

以找到更充足点的证据表示果内有化学作用？这种作用，不是从果内被分解的糖质中得到需要的热么？还有应当特别注意的，每次实验，在果子放进碳酸气的时候，我们立刻发现它们放热。放热的量很大，因为我们若使果物靠着玻罩的一边，用手先后摸罩的两边，可以辨别两边的温度之差。还有一点，也可以表示发热的存在，就是在罩上离发热点较远的地方，时常可以看见小的水滴。①

概括地说一句，发酵是个很普遍的现象。发酵就是不需空气的生活，也就是没有氧的生活；或者再概括点说，发酵就是于分解时能放热的发酵物质，完成其化学变化时所得到的结果。不过分解时放热的物质，同时又能在隔绝空气的地方供给低等生物的营养，是不常见的。这一层也可以从我们的理论里推想出来。

在特殊情形之下，已成熟的果子没有经过发酵剂的作用也能够形成酒精和碳酸气。这些事实，我们已在上面讲过。不过科学界早就已经发现了。发现它们的人是勒侠蒂——前高师学生——和他的合作者贝拉密。时间是 1869 年。②但贝拉密在 1821 年发表的一篇很有价值的论文里，曾经提出关于果子成熟的条件：

①各种果子——皮色尚青的和晒过太阳的都在内——能吸取氧，同时也能放出体积约等的碳酸气。这是它们变成熟的条件。

_____

① 我们在研究浸入碳酸气的植物的时候，遇到一桩事实，可以证明我们从前发表的一件事：乳酸发酵剂和各种黏性发酵剂——概括地说，就是我们称作啤酒病发酵剂（disease ferments of beer）的——在杜绝氧的地方发育很盛。这就表明它们的厌氧［汉译者注：原英文为 aërobian（好氧的），恐系 anaërobian（厌氧的）之误］性质，如何厉害。现在发现的事实如下：将甜菜根或莱菔浸入碳酸气，可以使它们产生明显的发酵作用。它们的外皮上，有强酸性的液体泌出，同时本身充满着乳酸的、黏性的和他种的发酵剂。这件事实警示我们用地窖藏甜菜根的危险。因为那里空气不流通，连原有的氧都要被真菌的作用或其他的耗氧的化学作用所驱出。我们已经将这件事告知制糖的实业家了。

② Lechartier and Pellamy, *Comptes rendus de l'Académie des Sciences*, vol. lxix., pp.,366 and 466, 1869.

②已成熟的果子，放在氧分不足的空气里，照旧地吸氧并放出体积约等的碳酸气。所有的氧都被吸取后，它还继续释放碳酸气。就是外皮丝毫没擦坏的，也是如此。"看上去这作用似乎是一种发酵。"——这是贝拉密的话。同时果子因为失去了糖质，较前味酸。但是实际上，它们的酸量并未增减。

贝拉密在这一篇精彩的著作和其余关于果实成熟问题的几篇论文里，未曾提起两桩很重要的事实。这两桩事实，就是勒侠蒂和贝拉密二人所发现的酒精的产生和发酵细胞的缺乏。但我们在 1861 年首倡的理论里已经有关于这两桩事实的预言。他们二人当时为谨慎起见，没有理论上的结论。不过现在他们完全赞同我们的理论了。[①] 他们的理解方法，和科学院里与我们讨论的几位学者迥然不同。我们在 1872 年 10 月间在科学院演讲，谈到了勒侠蒂和贝拉密的观察。[②] 弗雷米（Frémy）以为这种观察，正可以证明他的半生机（hemi-organism）说。不过上述的解释和前一章中转载的短文（1861）很明显地证明了我们的意见。在 1861 年，我们已经证明，如果找到了什么植物，能够在有糖无氧的环境里生长，那植物一定能够和酵母一样使糖发酵。上述的真菌类的研究就是如此，勒侠蒂和贝拉密以及我们自己实验的果子

---

① 他们二人是这样说的："1872 年 11 月里，我们在写给学院的信上，发表了几个实验的结果。这几个实验，证明在无氧的密封的器皿里，可以使缺乏酒精发酵剂的果类，产生碳酸气和醇。"

"巴斯德根据他所首倡的发酵的原理，用演绎法推想得出以下的结论：'醇的形成，是由果类的细胞（和发酵剂细胞一样）在新的情况下继续它的理化的作用。'我们在 1872 年、1873 年和 1874 年用各种果类做过实验，结果都和上述的见解符合，可以给它一个稳固的基础。"——*Comptes rendus*, vol. lxxix., p.949, 1874.

② 参阅巴斯德：Faites nouveaux pour servir à la connaissance de la théorie des fermentations proprement dites（*Comptes rendus de l'Académie des Sciences*, vol.lxxv., p.784）。该文后有一段议论，也可以参看。还有该卷第 1054 页有巴斯德的一篇 Note sur la production de l'alcool par les fruits, 文中我们详述了 1869 年勒侠蒂和贝拉密的研究（这是在我们之前的）。

也是如此。我们不但证明了他们二人的结果，还发现了新的事实，就是浸入碳酸气的果子会立刻产生酒精。有空气包围着的时候，它们照常过它们的好氧的生活（aërobian life），绝对没有发酵。把它们放入碳酸里，它们立刻开始厌氧的生活（anaërobian life），引起糖质的发酵，而同时放热。弗雷米想从这些事实里得到半生机的证据，真是荒谬极了。以下是弗雷米关于酿酒发酵的理论[1]：

"单说酒精发酵。[2] 我以为酿酒的时候，果中的蛋白质受到接触空气的果汁之作用，就变成发酵剂。巴斯德却以为发酵是葡萄果外的细菌所致的。"

但是整个果子浸入碳酸气中，立刻产生醇（酒精）和碳酸气，照上述的完全没有根据的理论，又怎样解释呢？上面节录弗雷米的论著里有两个必要的条件：①葡萄果必须压碎；②果汁必须和空气接触。这两点是改变蛋白质的必要情形。不过在我们的实验里，是用的未曾损坏的果子完全和碳酸气接触。我们的理论倡于1861年。我们现在重申一遍其大意：所有的细胞，在绝氧的环境里继续生活，即成发酵剂。果子浸入碳酸气的情形，就是如此，在隔绝氧的时候，细胞里的

---

[1] 参阅1872年1月15日的会议的报告。

[2] 弗雷米实际上不单用半生机说解释葡萄汁的酒精发酵，他简直把它应用到所有的发酵作用。下面的一段，是从他的记录里直抄下来的（*Comptes rendus de l'Académie*, vol. lxxv., p.979, Oct. 28th, 1872）："发芽的大麦的实验。这几个实验的目的，是要表明大麦放在甜水里，能继续地发生酒精的、乳酸的、酪酸的和醋酸的发酵。这是大麦内部产生的发酵剂所引起的变化，并不是空气里的细菌所致的。我为这一部分的工作，一共做了四十几个实验。"

各位读者看了他的记录，想已很明了，不必我们再来指出他的假定是毫无根据的。大麦的细胞，或那些细胞里的蛋白质，绝不产生酒精发酵剂的、乳酸发酵剂的或酪酸短螺菌的细胞。如果那里有这类发酵剂出现，我们一定可以寻到这类生物的种子弥散在谷的内部，或粘在外皮和器皿，甚有预存在水里的。有很多方法可以证明这事，以下的是一种：我们的实验，表明甜水、磷酸盐和白垩，都很容易引起乳酸的和酪酸的发酵。那么用大麦代替上述的物质，是否就可以假定乳酸的和酪酸的发酵剂，是从它（大麦）的细胞和蛋白质变成的？我们当然不能说这是半生机，因为糖、白垩和磷酸铵、钾、镁等物所组成的媒介物不含蛋白质。这是反证半生机说的一个间接的，但是不可抵抗的论据。

活力还没有完全消灭。唯一的结果，自然是发酵。进一步地说，在未曾浸入碳酸气时，若先将果子压碎，这碎果不会产生酒精，或发生另外的发酵。因为被压毁了的果子，已经失去了它们的活力。但是果子的压破与否，对于半生机说有什么影响呢？照这学说，已碎的果子应该和未碎的果子一样有效，或者还可以胜过未碎的果子。果实能在碳酸气中发酵的事实，和所谓的半生机说立于敌对的地位。同时我们的理论认为，发酵作用为无氧的环境里活力继续存在的结果，并从这些事实上得到了确实的证据。原来不过是预测的，现在已经可以安稳地存在了。

我们不应该再多费时间，讨论那些没有严谨实验作根据的理论。蛋白质能变成有机的发酵剂的理论，早就有在法国国内和国外的人提出过，并不是弗雷米的创见。现在这个理论已经失掉了信用。著名的实验家都早已将它抛弃了。我们简直可以说，它已经成为被众人嘲笑的题目了。

有人想证明，我们前后的意见有自相矛盾的地方。我们在 1860 年曾经发表一个意见，说酒精发酵与细胞的有机化、发育和生殖是相连的作用，也可说是已成的细胞之继续的生活。[1] 这个见解，再确实也

---

[1] 巴斯德：*Mémoire sur la fermentaion alcoolique*，1860；*Annales de Chimie et de Physique*。我们这里用了小球体（globules）这名词，其实是指细胞而言。我们总是极力地设法免掉意义的不明。1860 年的论文里，我们开头就说："我们称的酒精发酵，是指啤酒酵母所引起的糖的发酵。"这就是产生酒和各种酒精饮料的发酵。同时有几种同类的现象，普通也称为发酵，此外再加上它的主要产物的名称为形容词。我们应该记住这点关于命名上的限制；我们不能拿酒精发酵这名称，加诸各种产生酒精的发酵，因为有许多现象都有这种性质。如果我们起初没有说明酒精发酵代表的究竟是哪一种现象，我们简直要造成文字上的混乱，使原来已经很复杂的研究变成理不清楚的乱丝。这样的说明不致使酒精发酵的意义，再有可以怀疑的地方。拉瓦锡（Lavoisier）、盖-吕萨克和泰纳尔（Thénard）都用过这个名字称啤酒酵母所引起的糖的发酵。我们现在关于这问题的知识，都是这几位著名的科学家传下来的。我们若是不用他们所下的定义，是危险而无益的。

没有了。我们自从发表该文以后，经过了15年的专心研究，敢毫无迟疑地说一句，我们确定此见解是不错的。人家说我们自相矛盾，是关于酒精发酵——这种发酵，除酒精外，还要产生碳酸气、琥珀酸、甘油、挥发酸类和其他物质。这种发酵中的酵母，自然需要上述的情形。反驳我们的人，误认了果类的发酵为通常酒精发酵，即啤酒酵母所引起的作用。他们于是就想，照我们的理论，无论什么发酵，都有啤酒酵母存在。这种假定，完全没有根据。勒侠蒂和贝拉密供给我们的数字很准确。我们从这些数字里可以发现，果类发酵和酒精发酵所产生的酒精和碳酸气的量不同。这是自然的道理，因为果类发酵是果内的细胞发生的，酒精发酵是通常的酒精发酵剂所致的。我们深信每种果物都能够引起特殊的作用。此作用的化学方程式，和其他的果物所发生的作用之方程式不同。关于果类细胞引起发酵而同时并不繁殖的情形，我们已经在前定过名称，就是所谓长成的细胞之继续的生活。

最后我们稍讲点发酵作用的方程式的问题。因为要解释果子浸入碳酸气后的结果，连带地想到这个题目。

以前发酵作用被公认为接触分解的一种。这样说来，每种发酵必有它自己的不变更的方程式。不过现代的见解不同了。我们都认为发酵的方程式，是随着情形而变的。所以确定这些方程式和确定生物营养的方程式，是一样的繁复。每一种发酵，都可以用一个方程式约略地代表。不过在许多细微的地方，还是要随着生活的现象产生各种变化。还有一层，要晓得一个发酵剂能够引起几种发酵，就只要看有几种物质能供给那发酵剂所需要的碳元素。好像生物的营养作用的方程式，也随着生物所吃的东西而变异。能够产生酒精的发酵剂，也很有几种。一种糖质，总有好几种发酵剂——无论是发酵细胞的，或生物的细胞实施发酵作用的，都计算在内。代表它的各种发酵作用的约略方程式，也有这么多种数。

讲到营养也是一样的。各种动物吃一种食物，所发生的作用各有不同的方程式。通常的麦芽汁的发酵，用各种不同的酒精发酵剂所产出的啤酒，性质相差很大，也是这个缘故。这话可以包括所有的发酵剂。譬如酪酸发酵剂（butyric ferments），能从各种不同的物质里，如糖、乳酸、甘油、甘露蜜醇（mannite）等提取碳质，作它的食物的一部分。因此它就引起了多种各不相同的发酵作用。

当我们说一种发酵作用必有一个指定的发酵剂的时候，我们的意思是指整个的发酵作用，就是连同副产物一起计算的作用。我们并不是说那指定的发酵剂不能使其他的可发酵的物质发生另一种的发酵。我们也不能因为发现了某种发酵的产物之一，就确定某种发酵剂的存在。譬如在某发酵的产物中找到了醇（酒精），或者就是有醇和碳酸气在一起，我们也不能确定地说，那发酵剂是酒精发酵剂，那发酵作用是酒精发酵——照酒精发酵的狭义说。同时我们也不能因为发现了乳酸，就确定乳酸发酵剂的存在。实际上，不同的发酵，可以生出一种或几种同样的产物。所以我们必须先测定，某种发酵的各种产物是否都存在，还应注意测试时的情形是否和原有发酵相同。若稍有出入，在纯粹的化学的立场上我们就不应该坚定地说，那是某种发酵（如酒精发酵），也不能断定有某种发酵剂存在（如啤酒酵母）。读者在关于发酵的著作里，时常会遇到这种含糊其词的地方。这也就是我们对于诸位读者的警告。前文曾提及，有人引用果类浸入碳酸气中的发酵，证明我们在1860年发表的酒精发酵论的论文和事实相反。他们所以持有这种谬论，也是因为没有注意到上述情形的缘故。现将我们的那一段论文，一字不改地重抄于下：

　　发酵的化学现象，从开始的时候起，直到终了的当儿，和某种活力有很密切的关系。我们深信（当时我们正在讨论啤酒酵母所引起的平常酒精发酵），如果并不同时发生细胞的有机化、发育和繁殖，或已经长成的细胞的继续生活，酒精发酵绝不会发生。这篇论文里的结果，正和李比希（Liebig）、贝采里乌斯（Berzelius）二人的观念相反。

　　以上的结论，现在还是一样的真实。我们可以用它解释果类的发酵——关于这种发酵，在 1860 年，尚未有所发现——也可以用它解释酵母的发酵。所不同的，就是果类发酵时，发酵剂是软组织的细胞在碳酸气中继续活动所成的。后一种发酵的发酵剂，就是酵母细胞。

　　我们只要认清，果类的发酵和酒精发酵虽然可以有同样的、成分相等的产物，总是两种不同的作用，那么果类没有酵母而能够发酵产生碳酸气，绝不会被认为是一件惊人的事实。果类发酵被称为酒精发酵，确实是误用了名词的结果。因此有许多人产生了误会。[1] 果类发酵产生的酒精和碳酸气，不会和酵母发酵所产生的有相等的成分。在果类的发酵里，固然也能确定有琥珀酸（succinic acid）、甘油和少量的挥发酸类[2]，但是这几种物质的比例，和酒精发酵里所得到的，颇不相同。

---

　　① 参看 1875 年 2 月 16 日、23 日，3 月 2 日、9 日、30 日的《医学科学院学报》上柯林（Colin）和普奇尔（Poggiale）的论文。

　　② 我们在另外一个地方，确定了酒精发酵时有少量挥发酸产生。贝尚（Béchamp）研究过这个问题，他发现里面有脂肪酸——如醋酸、酪酸等。巴斯德的论文（*Comptes rendus de l'Académie*, vol. xlvii., p.224, 1858）里有这么一句话："琥珀酸的存在，不是偶然的，乃是常有的。如果我们不算那极微量的挥发酸，那么酒精发酵里产生的唯一的正酸，要算琥珀酸了。"

韩国巴斯德研究所

越南河内巴斯德研究所

马达加斯加巴斯德研究所

位于世界各地的巴斯德研究所

三

答复德国博物学家白雷弗和
德劳贝二人的批评

*·Ⅲ Reply to Certain Critical Observations of
the German Naturalists, Oscar Brefeld and Moritz Traube ·*

　　发酵剂是一种生物，能够在没有游离氧的环境中生存。或者再准确点说：发酵是隔绝空气的生活之结果。

阿方斯·拉韦朗（1845—1922），因"在原生动物在致病中的作用方面的研究"，获得 1907 年诺贝尔生理学或医学奖

查尔斯·尼柯尔（1866—1936），因"在斑疹伤寒方面的贡献"，获得 1928 年诺贝尔生理学或医学奖

伊拉·伊里奇·梅契尼科夫（1845—1916），因"在免疫学方面的工作"，和保罗·埃尔利希共同获得 1908 年诺贝尔生理学或医学奖

弗朗索瓦·雅各布（1920—2013），因"在酶和病毒合成的基因控制方面的发现"，和安德列·利沃夫、雅克·莫诺共同获得 1965 年诺贝尔生理学或医学奖

安德列·利沃夫（1902—1994），因"在酶和病毒合成的基因控制方面的发现"，和弗朗索瓦·雅各布、雅克·莫诺获得 1965 年诺贝尔生理学或医学奖

雅克·莫诺（1910—1976），因"在酶和病毒合成的基因控制方面的发现"，和弗朗索瓦·雅各布、安德列·利沃夫共同获得 1965 年诺贝尔生理学或医学奖

弗朗索瓦丝·巴尔-西诺西（1947— ），因"发现人类免疫缺陷病毒"，和吕克·蒙塔尼耶共同获得 2008 年诺贝尔生理学或医学奖

吕克·蒙塔尼耶（1932—2022），因"发现人类免疫缺陷病毒"，和弗朗索瓦丝·巴尔-西诺西共同获得 2008 年诺贝尔生理学或医学奖

第一届诺贝尔奖于 1901 年颁发，这时巴斯德已辞世近 6 年，但在巴斯德研究所工作的多位科学家都曾获得诺贝尔奖

　　我们在前文里极力主张的发酵的理论，可以用以下几句作个总结：发酵剂是一种生物，能够在没有游离氧的环境中生存。或者再准确点说：发酵是隔绝空气的生活之结果。

　　如果我们的话不对，就是说，如果发酵的细胞和其他的植物细胞相同，确实需要气体的或溶解的氧才能生长、繁殖或增加重量，那么我们这理论连存在的理由都没有了。至少关于发酵最重要的部分的理论，是根本不能存在了。白雷弗（Oscar Brefeld）于 1873 年 7 月 26 日在维尔茨堡（Würzbury）向物理医学会宣读过一篇论文，这篇论文的主要目的就是要证明这一点。我们不能不钦佩这篇论文作者的实验技能。不过在我们看来，他所得到的结论完全和事实不符。他说：

　　"由我上述的实验看来，发酵剂若没有游离的氧，绝对不能增加。巴斯德假设发酵剂和其他的生物不同，能够吸取化合的氧而维持生活。我敢说这毫无确实的根据。还有一层，照巴斯德的理论，发酵的现象就靠着这种依化合的氧为生的能力而发生。那么他这种理论，虽然得到了大众的赞同，但仍是不准确的、不能成立的。"

　　白雷弗博士所引的实验是这样的：他在一间特别准备的房间里，用显微镜持续研究未发酵的麦芽汁里的几个发酵剂细胞。周围是碳酸气，绝对没有一点游离的氧。但是我们此前已经发现，只有年幼的发酵剂能在没有空气的环境里生长。白雷弗博士所用的酿酒酵母，是发酵后取出来的。我们可以说，他们之所以培育失败，原因就在这一点。白雷弗博士并不晓得，他用的这种酵母必须有气体的氧存在，方才能够重新发芽。参阅前文关于酵母复原的叙述，可以晓得复原所需的时间随着情形的变迁有很大的差异。酵母在今天呈什么状态，不意味着在明天必定呈这种状态，因为酵母持续地在经历变化。我们已经阐述过发酵剂若有了游离的氧，能够怎样旺盛地繁殖。我们也已经提出，在开始发酵的时候，即使只是极少量的氧溶解在发酵液内，也会产生很大的力量。发酵剂细胞就是靠着这点氧质，方才能够恢复发芽和继续生活的能力。它们的繁殖不需空气，也未尝不是这点氧的功劳。

我们以为，白雷弗博士只需稍加考虑，对于他的实验就不致持有那种见解了。如果一个发酵剂细胞没有吸取游离或溶解的氧就不能发芽或繁殖，那么发酵时所产生的发酵剂和用掉的氧的重量比必成常数。但是我们在1861年已经确定，这个重量的比可以有很大的差别。这个事实已经有上述的实验做证，自然是无可置疑的。发酵剂所吸取的氧为量很小，但所生的发酵剂的重量很大。若原有的氧量很大，那么吸取的氧也很多，则产生的酵母重量更大。发酵剂的重量和分解的糖之重量所成的比，随吸取的游离氧量而有增减，而且增减的范围很大。这个事实是我们所主张的理论之主要基础。白雷弗博士认为发酵剂若没有氧或空气绝不能生存，因为这种情形与掌管生物的定律相冲突。但是同时，他应该记得我们曾经提出的另一个事实：能够在没有氧的环境里生存的有机的发酵剂，不止酒精酵母这一种。通常的生物界里，有个很严格的定律：有连续的呼吸作用——连续地吸取游离氧——方才有连续的生存。我们现在再替这个定律加个例外，也不能算什么。白雷弗博士之所以没有提及酪酸发酵里的短螺菌的生活，当然是因为他以为我们在这点上也错了。但是只要我们再做几个实验，就可以纠正他的谬见。

上面的话是对于白雷弗博士的批评的批评。这些评语，也可以用来驳斥德劳贝（Moritz Traube）的议论。不过我们还要感谢德劳贝，因为我们答复白雷弗博士的攻击时所引为辩护的话，却是得自德劳贝的。这位德劳贝先生在柏林化学学会里，证明我们的实验是正确的。他另外做了几个实验，证明酵母可以没有氧的帮助而生长和繁殖。他说："我的研究可以无疑地证明巴斯德的话。酵母的繁殖，可以在没有游离氧的媒液里发生。……白雷弗说事实相反是错的。"但是德劳贝立刻接下去说："我们能否说巴斯德的学说已经得到证明了？绝对不能。我的实验的结果，证明他的理论并没有确实的根据。"他说的结果究竟是什么呢？德劳贝虽证明了酵母生长不需空气，但是他和我们一样，发现酵母在这种情形之下生活很困难。换言之，他不过得到了真正发酵的最初的几步。这是由于以下两个原因：①偶然发生了附属的和病态的发酵，因此酒精发酵剂的繁殖被阻；②所用的酵母，本来就是发酵过度的。在 1861 年我们已经注意到，酵母在没有空气的环境里作用十分迟缓而且困难。在前文中我们也曾经提及有几种发酵作用在这样的条件下无法完成。德劳贝又说："巴斯德的结论里说，酵母能够吸取糖里的氧而在没有空气的地方生长，这完全是个错误的见解。因为在一大部分的糖质还没有分解的时候，酵母的增加就会停止。当酵母不能和空气接触时，就有种蛋白质状物质的混合物供给它所需的营养。"德劳贝最后的一句，我们可完全推翻。我们曾在几次实验中除去了蛋白质状物，而作用仍在隔绝氧的纯粹无机的媒液里继续着。关于这一层，我们即将发表不可推翻的证据。①

---

① 德劳贝的观念，完全受着他自己的一种假定的支配。他的这个假定的大意如下："我们不应该怀疑，植物细胞的原形质含有，或本身即是，引起糖的发酵的化学的发酵剂。这发酵剂的效力，似乎和细胞的存在有密切的关系。因为直到现在，我们没有发现什么有效的方法可以使它脱离细胞而独存。在空气里，它使氧和糖化合——氧化。在没有空气的地方，它能够从一个糖分子的一部分里提取氧而加之于另一部分。所以它在空气里，就用还原作用产生醇；在无空气的地方，用氧化作用以产生碳酸气。"

德劳贝假定这化学的发酵剂存在于酵母和各种甜果里。不过它们的细胞，必须是健全的。他替自己证明过，完全压碎的果实在碳酸气里没有发酵作用。从这一点看来，这个完全理想的化学的发酵剂，和被我们称作可溶发酵剂（soluble ferments）的绝对不同，因为淀粉酵素、杏仁酵素等物，是很容易提取的。

至于白雷弗和德劳贝对于我们的实验的结果所发表的意见和讨论，如读者欲窥全貌，可参阅《柏林化学学会学报》（*Journal of the Chemical Society of Berlin*, vii., p.872）1874年9月、12月的两期。

四

右旋酒石酸钙的发酵[①]

·IV Fermentation of Dextro-Tartrate of Lime·

正酒石酸钙发酵时所现的短螺菌，能够在缺乏空气的环境里生长和繁殖。这是一个不可怀疑的事实，我们也不必再有所申论。

---

① 参阅巴斯德在《法国科学院院刊》（*Comptes rendus de l'Académie des Sciences*, vol. lvi., p.146）发表的论文。

酒石酸钙虽然不能溶解于水，却可以在矿质媒液中完全地发酵。用纯粹的酒石酸钙制成粒状的结晶的粉，和入少许硫酸铵、磷酸钾、磷酸镁，一起放在水里。虽然没有加什么发酵剂，几天后也可以发生自然的发酵作用，同时看见一种活着的、有机的丝状发酵剂：行动扭曲，身体常常是很长的。这种发酵，大概是由于空气中浮着的，或器皿和药品上黏着的尘埃带进去的种子的自然生长。短螺菌的种子到处都有，它们和腐烂作用有关。在上述的媒液里发育的，恐怕就是这些种子。它们这样生长，可以使酒石酸盐的发酵实现。它们所需要的碳，由酒石酸盐供给；氮，由铵盐里的氨（旧称阿摩尼亚，ammonia）供给；矿质取自钾和镁的磷酸盐，硫取自硫酸铵。在这种情形之下，能够看见有机的组织、生命和运动的发生，真是一件令人惊奇的事。想到这些有机组织、生命和运动都没有游离的氧参加，就更使人觉得奇怪。种子和氧接触，得到了初次的鼓动，即能离开了氧无限地繁殖。我们在这里，又得到了一个事实，可以证明酵母不是唯一的有机的、能在没有游离氧的环境里任意生长和繁殖的发酵剂。这个事实，我们用下述的实验，可以毫无疑问地确定：

我们在容量 2.5 升（约 4 品脱）的烧瓶（见图 9）中放了：

纯粹的、结晶的正酒石酸钙…………100 克

磷酸铵……………………………………1 克

磷酸镁……………………………………1 克

磷酸钾…………………………………… 0.5 克

◀ 巴斯德生活过的房间，原样保留在巴黎的巴斯德博物馆中

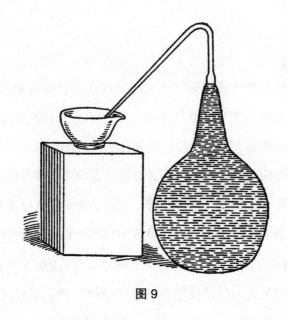

图 9

硫酸铵·····································0.5 克

（1 克 =15.43 格令）

另外我们再加入蒸馏水，到装满烧瓶为止。又因为要防止空气溶解在水中，或附着固体物质，我们先将烧瓶放入很大的圆筒状的白铁壶，壶里满盛了氯化钙，安置在火焰之上。烧瓶的逸气管插入波希米亚玻璃（Bohemian glass）制的试管。这管的 $\frac{3}{4}$，盛了蒸馏水。我们不断加热烧瓶和试管里的液体，等到我们认为烧瓶中的空气已经除尽，方才停止。火焰移去后，我们立刻加了一层油，覆盖住水面，然后安放好全部的仪器，任其自行冷却。

第二日，我们用手指按着逸气管的口，将该管口取出，立刻插入水银中。这一次实验，我们将烧瓶如此放置了两星期。其实，就是安放 100 年，也不会有发酵作用。因为酒石酸盐的发酵是生命活动的结果，但是煮沸以后，烧瓶里已经绝对没有生命了。我们等到觉得烧瓶中的物质完全没有了发酵的可能，立刻就用下述的方法注入发酵剂：

用细橡皮管吸去逸气管里的液体。从已经自然发酵 12 天的另一烧瓶中，取出液体和沉淀物共约 1 毫升（约 17 滴）装入该管。然后再用先放入碳酸气中冷却后的沸水立刻装满逸气管。这个动作，不过数分钟。我们再把逸气管浸入水银，以后这管就未曾取出。此管实为烧瓶的一部分，又无木塞和橡皮掺杂其间，因此我们可以确定，没有空气进去。注入发酵液的时候所带进去的空气，为量极微，实在不值得注意。或者这微量的空气，反而能阻碍瓶内生物的生长。因为这些生物都是成年的个体，已经在隔绝空气的地方活着多时，遇到空气易受损伤，或致完全消灭。尽管如此，我们在以后的一次实验中还是完全隔除了空气——无论如何微量的。所以关于这个题目，不会产生任何疑问。

以后的几天，生物繁殖，酒石酸盐渐次消去。液体表面和内部都呈现出明显的发酵作用。有几处的沉淀物似乎有点突起，表面覆盖着一层暗灰色的物质，全部呈着一种有机的、胶状的形态。不过沉淀物虽表现作用，但我们好几天都观察不到气体的产生。把烧瓶稍加摇动，方才可以看到颇大的气泡脱离原来黏着的沉淀而上升。气泡同时带起粒状的固体，但是不久这些固体便会下降。气泡在上升时渐渐缩小，这大概是因为液体没有饱和，一部分气体渐被溶解。最小的气泡，竟可以在未到液面的时候便全部溶解。后来液体渐渐地饱和了。酒石酸盐也渐渐地换为乳状硬壳，或清澈透明的结晶的碳酸钙，沉在烧瓶底部或附着在烧瓶壁上。

注入发酵剂的时间是 2 月 10 日。到 3 月 15 日，液体已将近饱和。上升的气泡滞留在烧瓶顶上的逸气管的曲部。为了预防气泡逸出，我们用了一个玻制量管罩在逸气管的口上。当时逸气管放在水银槽中，量管也满盛水银。17 日、18 日两天，有气体继续逸出。收集的气体总量，有 17.4 立方厘米（1.06 立方英寸）。后来我们证明此气体几乎为纯粹的碳酸气。我们看见的气体必须在液体饱和以后方才逸出，从这一点就可以料到这气体大概是碳酸气。[①]

液体在注入发酵剂的翌日是混浊的。后来虽有气体逸出，反而渐次澄清。最后，隔着烧瓶，竟可以看清手写的字迹。到这个时候，沉淀物中还有很活泼的作用，不过其余的部分都很安静。那短螺菌只得成群地聚集在那沉淀上，因为酒石酸钙在饱和了碳酸钙的溶液中的溶度，较其在纯水中的溶度要小。无论怎样，我们可以确定，液体的大部分缺乏含碳的食物。我们每天收集和分析所放出气体之全量。只有最初的几天，用浓的碳酸钾液吸收后，稍剩渣余。此后直到最后的一天，都是纯粹的碳酸气。到4月26日，气体的逸出完全停止了。最后的几个气泡，在23日即行上升。在实验期间，烧瓶是始终放在恒温箱中的，温度是 25 ~ 28℃（77 ~ 83℉）。收集的气体的总量，是 2.135 升（130.2 立方英寸）。若要计算所产生的气体的总量，我们应当加上已经化成了酸性碳酸钙而溶解在液体中的那一部分。这一部分可以用以下的方法测定：将瓶中液体的一部分，倾入另一较小的、式样相同的瓶中，到颈上的痕为止。[②]（这一个瓶中，我们预先装了碳酸气。）然后加热，使发酵液中的碳酸气逸出，集在水银上。用此法，我们确定了溶解的气体是 8.322 升（508 立方英寸）。再加上了此前收集的 2.135 升气体，共 10.457 升（638.2 立方英寸）。当时的温度是 20℃（68℉），气压是 760 毫米。我们又计算 0℃（32℉）和 760 毫米的体积，然后推算其重量。得到的结果，是 19.7 克（302.2 格令）的碳酸气。

[①] 在当时的情形之下，碳酸气相较于其余的气体更容易溶解。——英文版编者注
[②] 我们不能装满小烧瓶，不然恐怕一部分液体要溢到量管里的水银面上。煮沸后凝结的液体是纯水。在实验的温度下，这种水溶解碳酸气的溶剂亲和力（solvent affinity）如何，是大家都晓得的。

酒石酸钙里的石灰质，在发酵的时候造成可溶的盐类的，恰有一半。还有一半的石灰质一部分化为碳酸钙沉降，一部分被碳酸气溶解。每 10 当量^①的碳酸气产生，就有 1 当量的变性醋酸钙（metacetate of lime）和 2 当量的正醋酸盐所成的混合物，或化合物就是可溶盐类。总共合于 3 当量的正酒石酸钙的发酵。^②虽然这一点还应当详细研究，但以上所述关于产物的性质是经过了谨慎考虑的。不过这个事实与我们的问题无多大关系，因为我们并不讨论发酵作用的方程式。

发酵完毕后，瓶底绝无酒石酸钙的痕迹。在发酵的时候，它渐渐分解成发酵的产物，其地位被结晶的碳酸钙所占。这碳酸钙就是未曾被碳酸气溶解的一部分。和这碳酸钙在一起的有些动物性物质，在显微镜底下看，呈着块状的颗粒，还掺杂着长短不齐的细条和微细的小点，全体颇有含氮有机物的特性。^③照我们上述的情形看，可以确定这就是发酵剂。我们为了寻找更确凿的证据，同时又想乘机观察这生物的生活状态，就作了下述的附带的研究。

我们做了一个实验，和以前的实验并行且相同。等到发酵已有相

———————

① 当量（equivalent，也作"相当的""等价的"），目前国内不主张使用，元素或化合物的当量 = $\frac{分子量}{化合价}$。——编辑注

② 这几个数量，和这发酵作用的产物的性质，产生了一个很特殊的结果。当时逸出的碳酸气是很纯粹的——特别是在液中空气已用煮沸法驱除以后——可以完全溶解的。同时液体的体积足以应付，酒石酸盐的重量也很适当。在这种情形之下，我们可以拿不溶解的、结晶的、粉状的酒石酸钙，和磷酸盐类一起放在装满了水的封闭的器皿的底上。不久我们就会发现碳酸钙占了那酒石酸钙的地位，可溶的钙盐在液体里，一堆有机物在瓶底上。这变化——除了酒石酸盐的生活作用和变化不计外——毫无附带的发酵作用或气体的逸出。若用 50 克（767 格令）的酒石酸钙，只要有一个容量 5 升（不少于 1 英加仑）的器皿或烧瓶，就足够发生这个奇特而异常沉静的变化。

③ 我们把稀盐酸加到沉淀上，这盐酸就溶解了碳酸钙和不溶解的磷酸钙、磷酸镁。然后将液体滤过一张称过的滤纸。这样得到的有机物质，在 100℃（212°F）下烘干后，重 0.54 克（8.3 格令），略多于可发酵的物质的重量的 $\frac{1}{200}$。

图 10

当的程度，酒石酸盐已溶解了一半，我们就停止作用。用锉刀将逸气管在瓶颈渐次缩小的地方锉开，再用细长的直管从瓶底抽取少许沉淀物放在显微镜下观察，可以看见一堆极细的长条，直径大约是 $\frac{1}{1000}$ 毫米。长短不一，有几条竟有 $\frac{1}{20}$ 毫米。我们可以看见一群这种长形的短螺菌在那里慢慢地爬。它们的举动颇多曲折，身上常有 3 个或 4 个甚至 5 个弯曲。至于不动的长条，形状和动的相同，不过有点不连接的现象，好像许多颗粒不规则地排列成一长条。这些必定是生活作用已经停止的短螺菌，它们的精力已经完全丧失，好像啤酒发酵剂的陈旧的颗粒。活动的长条，就好像新鲜的、有活力的酵母。前者毫无动静，就足以证实这种观念。这两种生物都有团聚成群的趋势，团聚坚固了，很容易阻碍活着的生物的运动。此外我们还可以看见活着的生物，都麇集在尚未溶解的酒石酸盐上；而已经失效的生物，都聚成粒状的球，直接停留在玻璃上，似乎它们分解了酒石酸——它们唯一的含碳食物——以后，就在我们抽它们出来的地方当场毙命。因为它们在生长的时候，已经预先结合成堆，从而阻碍了进一步的发展。我们又看见直径相等、身体较短的短螺菌很迅速地旋转和往返急行。这些恐怕和较长的属同种；不过因为身躯较短，所以转动较为自由。这些短螺菌在液体的中部一点也找不到。讲到这里，我们想起沉淀物中麇集许多短螺菌的时候，颇有腐臭的气味，而且沉淀本身带着淡灰的颜色。因此我们推想这作用大概是还原作用。我们所用的各种物质，无论怎样纯粹，总带点铁质。这铁变成黑色的硫化物，与不溶解的、白色的酒石酸盐和磷酸盐掺和在一起，就呈现淡灰的颜色。

这些短螺菌究竟是怎样的东西？我们已经说过，我们以为它们就是通常的腐烂作用的短螺菌，因为受了特殊的营养的支配而长得特别瘦弱。我们简直可以说，这个发酵就是酒石酸钙的腐烂作用。关于这一点，只要在适合于通常的短螺菌的媒液中培养这发酵的短螺菌，就可以证明。不过我们自己尚未实行，所以不能多说。

还有几句话是关于这种奇特生物的。它们身体的一端，大多有明亮的一点——一种珠状物。这实在是一种错觉。其实是由于它们身体的一端向下弯曲，所以在这一点折光较大，我们看上去，觉得它的直径也较大。我们可以留神观察它们的运动，在那弯曲的一端垂直地经过身体的其他部位的时候，就能辨明那个小弯曲，同时那个明亮的点，也忽现忽灭。

从以上的事实，我们所应当得到的推论如下：正酒石酸钙发酵时所现的短螺菌，能够在缺乏空气的环境里生长和繁殖。这是一个毋庸置疑的事实，我们也不必再有所申论。

巴斯德的儿子让·巴普蒂斯特　　　　　　　巴斯德的女儿玛丽·路易丝

五

厌氧生活的又一例
——乳酸钙的发酵

· V *Another Example of Life Without Air*
—Fermentation of Lactate of Lime ·

　　本章所述内容，其大概是要确定厌氧的生活是个事实——而且是生理学上极重要的事实。我们同时也要发表这种生活和真正的发酵现象的相互的关系。真正的发酵，专指微小的单细胞生物所发生的作用。

最后我要提出厌氧生活的又一例，也是一个和发酵相关联的作用。这就是乳酸钙在矿质媒液里的发酵。

前文所述的实验里所用的发酵液和注入的种子，都经过短时间的和空气的接触。在此实验里，我们竭力地预防微量的氧在注入的时候附带进去。我们已经有很确实的证据，表明氧和氮在杜绝空气的媒液里，只能很慢地弥散。尽管如此，为安全起见，我们仍实施上述的预防措施。

我们用的液体制法如下：

在 9～10 升（超过 2 加仑）纯水中，按次序加入以下的盐类[①]：

纯粹乳酸钙⋯⋯⋯⋯225 克

磷酸铵⋯⋯⋯⋯⋯⋯0.75 克

磷酸钾⋯⋯⋯⋯⋯⋯0.4 克

硫酸镁⋯⋯⋯⋯⋯⋯0.4 克

硫酸铵⋯⋯⋯⋯⋯⋯0.2 克

（1 克 =15.53 格令）

在 1875 年 3 月 23 日，我们用此液体装满了一个 6 升（约 11 品脱）的烧瓶（如图 11），安放在火上。另外用一广口皿，装了同样的液体，也放在火焰上。烧瓶上的曲管，浸入广口皿中。烧瓶和皿中的

◀ 巴斯德夫妇

---

① 乳酸钙的溶液混浊的时候，可加少许磷酸铵使磷酸钙沉淀，过滤后就很澄清。那时配方里的其他磷酸盐，方才可以加入。将此溶液露置空气中，因为细菌的自然产生，不久即变混浊。

图 11

液体，同时煮沸，经半小时之久。这是要确定溶液中的空气已全被驱出。烧瓶里的液体，有几次被蒸汽驱出瓶外，后来又吸回；不过吸回的部分，是没有间断地沸腾着的。第二天，等到烧瓶已冷，将逸气管移至水银皿中。全套仪器都放入恒温箱中，温度保持在 25 ～ 30℃（77 ～ 86℉）之间。然后用碳酸气装满小圆筒形的带栓漏斗。我们极留神地装入上述的液体 10 毫升（0.35 液盎司）。此液体已经在隔绝空气的环境里发酵了几天，所以那时充满着短螺菌。我们再转动活栓，使液体流下，剩微量在漏斗中以防止液体和空气的接触。照这样的做法，在注入时，发酵液和发酵剂种子连短时间和外界空气的接触都没有。这种发酵开始的日期，随着注入的种子之状态和数目的不同而有迟早的差异。直到 3 月 29 日，有很小的气泡出现；但是一直等到 4 月 9 日，方才有较大的气泡上升。从这一日起，气泡不断地增加。它们的发源地，是在瓶底的几处似土的磷酸盐沉淀。同时，最初几天很清的液体，也渐次地变浊，这是由于短螺菌生长。在 4 月 9 日那天，我们还观察到瓶边上有碳酸钙的结晶体。

照上述的步骤，无论哪方面都有防止空气闯入的效果。在上述的实验开始时，因为恒温箱中温度较高，而发酵时又有气体逸出，就有一部分液体被驱逐至管外而升到水银面上；该液体原是细菌生长的最佳媒介。所以露在外面，立刻就充满这些生物。[①] 如此，水银和逸气管边绝对不能有空气出入。因为水银面上的液体所含的气体必先被细菌吸收，所以氧入瓶中是绝不会发生的事。

在讲正题以前，我们还要请读者注意，细菌吸收氧的这件事可以用于除去发酵液中的氧。这样较预先煮沸的方法容易而且稳妥。这种液体，未经预先煮沸，在夏天的温度下只需 24 小时即转混浊。这是因为细菌能自然地生长。我们可以很容易证明它们能吸取溶解的氧。[②] 用这液体装满一个容量几升的烧瓶（见图 9）；逸气管也一样装满，管口浸没在水银中。48 小时后，将瓶放入氯化钙浴锅中，并驱除水银面上液体所溶解的气体。此气体分析后的结果，证明它是氮和碳酸气的混合物，连氧的一点痕迹都找不到。所以我们有了一个很妙的方法，可以

---

① 弗雷茨瓦夫（Breslau）市的生物学家康恩（Cohn），曾在 1872 年发表过一篇很周密的论文。讲到细菌，他说起一种极适合于细菌繁殖的液体。我们最好将他的溶液和我们的乳酸盐与磷酸盐的溶液比较一下。康恩的配方如下：

蒸馏水……………………20 毫升（0.7 液盎司）

磷酸钾……………………0.1 克（1.5 格令）

硫酸镁……………………0.1 克（1.5 格令）

三盐基磷酸钙……………0.01 克（0.15 格令）

酒石酸铵…………………0.2 克（3 格令）

康恩说，此液有弱酸性，配制后完全澄清。

② 关于细菌吸氧的速率，请看我们在 1872 年发表的论文（请特别注意第 78 页）：《自然发生研究》（*Sur les Générations dites Spontanées*）。

去除发酵液中的氧。我们只需将液体装满烧瓶，安放在恒温箱中两天，或再长一点的时期。不过要注意防止酪酸短螺菌闯入液内。若液内确有短螺菌自然地产生，在最初的几天，液体虽然混浊，隔了两三天后就会澄清。这是因为先前的细菌吸尽了溶解的氧，已经死去，或至少失掉了运动的能力，就毫无生气地沉降到瓶底。我们已经几次确定了这一事实。照这一事实看来，酪酸短螺菌不能当作细菌的另一种看待，因为假定这两种产物有根源上的关系，那么每次有细菌生长后必有酪酸发酵继之而生。

还有一个很惊人的实验，希望读者能注意。这个实验，可以表明媒液的组成对于微细生物的繁殖有什么影响。前述的实验，自3月27日起，至5月10日止。但是现在我们要讲的这个实验，只用了4天。所用的液体的组成和容量，都和前一次的相同。在1875年4月23日，我们装满了一个烧瓶，其式样和图11所示的相同，容量是6升。所用的液体是照第59页所述的配制的，先放在广口瓶，露于空气中5天，所以早就充满着大量的细菌。到第5天瓶底出现气泡，每隔颇长的时间上升，这一点表示酪酸发酵已经开始。我们又由瓶底、中部乃至液面的充满细菌的各层，抽出少许液体，用显微镜观察，都可以看见酪酸发酵的短螺菌。如是我们就将这液体转放入6升烧瓶，瓶口照旧接着通入水银的曲管。到晚上就有颇活泼的发酵显现。到24日，作用迅速，实属罕见；25日、26日，发酵还在继续进行；26日晚间，作用已经衰退了；到27日，发酵的现象均已消失。其实，这种突然的停止并非未知的原因所致，而实在是表示发酵完毕，因为在28日，我们考察发酵后的液体，绝对找不到微量的乳酸钙。如果实业上需要大宗的酪酸（butyric acid），那么上述的事实可以为发明大规模的制造法提供有价值的知识。①

在讲下去之前，最好先注意到前述的各种发酵作用的短螺菌。

在 1862 年 5 月 27 日，我们用乳酸盐和磷酸盐的溶液，装满了一个容量 2.78 升（约 5 品脱）的烧瓶。② 这一次并未注入种子，那液先变混浊，表示菌类繁殖；后来发生酪酸发酵。到 6 月 9 日，作用已经很活泼。我们在 24 小时内，在水银上收集了 100 立方厘米（约 6 立方英寸）的气体。到 6 月 11 日，24 小时内所产生的气体之体积，表示作用速度增加了 1 倍。我们又用显微镜观察了一滴浊液。我们当时的记录上，有一张图（见图 12）和这么几句话："一群短螺菌，活泼异常，视线来不及随着它们的运动转移。视野内都是成对的生物，似乎都在互相设法脱离羁绊。每一对的连接物，恐系一种不能见的胶状线。它们的相驱力稍胜过连接的力量，致使它们能够断掉直接的连接，但不

图 12

---

① 上述的两个发酵实验有这样的区别，究竟是什么缘故呢？恐怕是因为细菌此前的生活，改变了媒液的性质；或者是注入的短螺菌，有特殊的性质；又或者是空气的作用。第二个实验里，我们装瓶的时候，并没有预防空气的措施，大概总有些空气进去。这样就便利了厌氧短螺菌的发育，好像通常酵母的发酵一样。

② 这一次的液体，制法和成分如下：我们先在 25℃（77°F）的温度，制备了乳酸钙的饱和溶液。成分是每 100 毫升（$3\frac{1}{2}$ 液盎司）含有 25.65 克（394 格令）乳酸盐（$C_6H_5O_5CaO$ 或 $C_6H_{10}CaO_6$）。后来又加了磷酸铵 1 克，滤去沉淀，即异常澄清。制备 8 升（14 品脱）澄清的饱和溶液，用了：

磷酸铵…………2 克
磷酸钾…………1 克
磷酸镁…………1 克
硫酸铵…………0.5 克
（1 克 =15.43 格令）

至完全脱离关系。它们的运动，多少还要互相地牵引。后来它们还是慢慢地完全脱离，各自行动，较前尤为活泼。"

用显微镜研究这种短螺菌，同时又要防止它们和空气的接触，有一个最妙的方法，详述如下：等到烧瓶中的酪酸发酵已经持续了几天，就用橡皮管连接烧瓶和一种扁平的玻球。这个玻球，我们安放在显微镜的载物台上（见图13）。观察的时候，先将水银下的拉长而弯曲的逸气管的管口（在b处）关闭。持续产生的气体，使瓶内压力增加。我们只要打开玻栓r，液体即行上升入玻球ll，装满后就流入玻杯V，这样我们可以使短螺菌不和空气接触，被搬运到显微镜底下。所得的结果很圆满。即使玻球——现在玻球是替代原有的接物镜的——能够

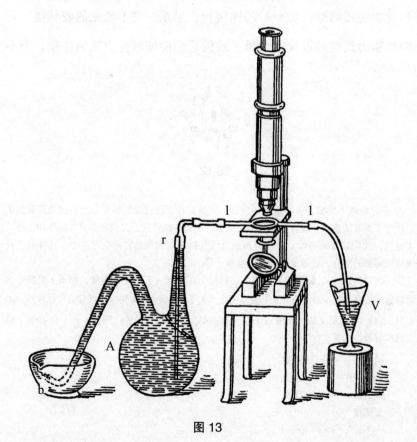

图 13

浸入烧瓶的中央，也不过如此。那些短螺菌的行动和裂生生殖，可以全部看见，真是很美丽且引人入胜。温度若是忽然下降很多，它们的行动也不会停止。譬如在 15℃（59°F），它们的行动不过稍迟缓点。尽管如此，研究的时候，最好是维持在发酵最适宜的温度。在安置器皿的恒温箱里，也不过是 25 ～ 30℃（77 ～ 86°F）。

现在我们要接着介绍那没有述毕的实验。6 月 17 日所产生的气体，比 11 日多 3 倍。11 日的气体，经碳酸钾将氧吸除后，剩下的氢占 72.6%。17 日的气体，只剩 49.2% 的氢。我们现在继续讨论当时的浊液在显微镜下之状态。以下是关于这种观察的图（见图 14）和记录：

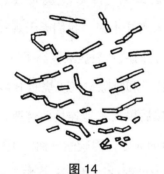

图 14

"极美丽的镜像：短螺菌都在行动，有正在前进的，也有波动的；它们比 11 日的大得多。有许多连着成波状的长链，关节处都有颤动；组成每链的菌数愈多，颤动和活泼的程度也愈低。"

呈圆筒状而各部同质的短螺菌，大致都和上述的情形相符。还有一种是在链中少见的，一端有个明亮的小粒。这是因为这一点的折光较其他部位强，所以有这现象。在链中最前面的一节上，有时候小粒在一端，有时候在另一端。常见的那种短螺菌，最长的节有 $\frac{10}{1000}$ ～ $\frac{30}{1000}$ 毫米长，甚至有 $\frac{45}{1000}$ 毫米长的。它们的直径，大致为

$\dfrac{1.5}{1000} \sim \dfrac{2}{1000}$ 毫米；极少见的有 $\dfrac{3}{1000}$ 毫米。

到 6 月 28 日，发酵完毕，气体不再产生，溶液也没有乳酸盐，瓶底上都是不动的微生物。液体渐次澄清，几天后已经很清亮了。我们现在要提出一个问题：这些微生物的含碳食物——乳酸盐——已经用罄，现在留在瓶底静止不动，是处于睡眠的状态，还是已经完全死去，绝对不能恢复了？[①] 以下的实验，可以表示它们并没有完全失去生命。它们可能有和啤酒酵母相同的能力。我们记得啤酒酵母分解了发酵液中的糖质，能够在新鲜的甜媒液中重新生殖和发生作用。在 1875 年 4 月 22 日，我们将发酵已经完毕的乳酸盐液放在恒温箱中，恒温箱中的温度是 25℃（77°F）。烧瓶 A（见图 15）是发酵的发生地。瓶上的气管从未离开水银。我们天天观察这液体，看见它渐渐地清亮。到第 15 天，我们用乳酸盐液装满了一个同样的烧瓶 B，加热煮沸以杀灭短螺菌的种子和排除空气。烧瓶 B 冷却后，我们将 A 瓶轻摇，使沉淀物浮起。然后极周密地连接两烧瓶，可以确定毫无空气入内。[②]A 瓶的逸气管口的 a 处，因碳酸气而产生较大的压力。所以 r 和 s 两栓打开后，A 瓶底上的沉淀就被驱入 B 瓶中。这样，B 瓶得到了 15 日前已经完毕的发酵之沉淀。注入后两天，B 瓶出现发酵的现象。我们因此可以断定已完成的酪酸发酵的短螺菌沉淀，隔一定的时间，不会失去引起发酵的能力。这种沉淀里的酪酸发酵剂，可以在适当的新鲜的媒液中恢复原有的力量。

---

① 我们在上面不是说，含碳的物质已经用罄了吗？这大概是由于生活作用、营养和繁殖的缺乏。但是那液里含有酪酸钙，它有和乳酸盐相同的性质。为什么这盐不能作短螺菌的食物呢？我们认为，这两种盐的不同，就是乳酸盐在分解时放热，酪酸盐不放热。短螺菌似乎需要热才能发生它的营养的化学作用。

② 要防止空气的闯入，只需用不含空气的正在沸腾的水，装满瓶上的有栓玻管的弯曲的部分和连着两管的橡皮管 cc。

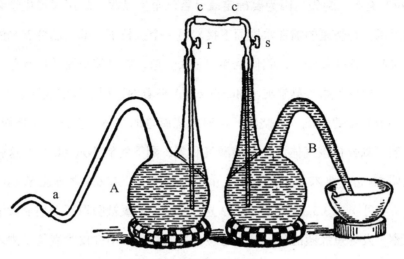

图 15

    各位读者很仔细地研究了我们提供给他们的事实，绝不会怀疑乳
酸盐发酵里的短螺菌在杜绝氧的地方能够繁殖。如果说证据太少，还
要新的事实，那么请看下述的研究。从这一研究我们可以断定，大气
中的氧能够忽然地阻止酪酸短螺菌所引起的发酵。这样看来，它们自
然不需氧来维持生命。在 1862 年 5 月 7 日，我们用一个容量 2.58 升
（$4\frac{1}{2}$ 品脱）的烧瓶，装满了乳酸盐和磷酸盐的溶液，安放在恒温箱
中。到 5 月 9 日，我们从正在发生酪酸发酵的溶液中，抽出了两滴，
注入以上的溶液。没有几天，发酵作用开始了，到 18 日已颇剧烈；到
30 日更剧烈。6 月 1 日那天，它每小时产生的含氢 10% 的气体，竟
有 35 立方厘米（2.3 立方英寸）。到 2 日，我们开始研究发生这发酵
的短螺菌遇到空气时的变化。我们切断了逸气管（切点在该管和烧瓶
相接处的同一水平线上），用一个 50 毫升（$1\frac{3}{4}$ 液盎司）的移液管吸
满该液，然后由瓶中取出。瓶中剩下的空位，自然被空气填塞了。此
后我们将烧瓶倒置，使它开口在水银中，每 10 分钟摇动一次，持续

1小时有余。起先，因为要确定氧是否已全被吸收，就用薄橡皮管装满了水，将烧瓶的嘴在水银面下接着另一个拉长了颈部的满装着水的小烧瓶。这样装好了，我们就举起了大烧瓶，同时使小瓶的位置总在其上。橡皮管原有莫尔夹（Mohr's clip）夹着的，现在我们放开了夹，使小烧瓶中的水流入大烧瓶；同时大烧瓶里的气体，上升入小烧瓶。我们立刻分析该气体。除去碳酸气和氢，剩下的氧不过14.2%。这就表明50立方厘米（3.05立方英寸）的空气中，有6.6立方厘米（0.4立方英寸）或3.3立方厘米（0.2立方英寸）的氧被吸取了。用显微镜观察，发现短螺菌的运动颇为迟缓。最后我们又用橡皮管恢复了刚才两个烧瓶的连接。发酵作用虽然很迟缓，还是在继续着。这大概是因为空气放入烧瓶后，虽经剧烈的振荡，尚不能使液体全部和大气中的氧接触。但是我们不管原因究竟是什么，这现象的意义当然是很明了的了。我们还想多得到一点关于空气影响的知识。因此我们从另一已达极度的发酵液内提取了发酵液，分装于两个试管中：一个试管中通入空气，还有一个通入碳酸气。逾半小时，通入空气的试管中发酵完全停止，所有的短螺菌皆已死去，至少不能行动；另一管中，受着碳酸气的影响，3小时后仍有发酵，短螺菌也很活泼地生长着。

研究空气对于短螺菌的致命的效力，有个很简易的方法。我们记得用图13所示的仪器进行显微镜研究，可以很明显地看见各短螺菌在没有空气的环境里怎样活泼地运动。我们现在将这观察再进行一次；同时还要用通常的显微方法观察同样的液体，作为比较的研究。所谓通常的显微方法，就是放一滴液体在接物镜上，用薄玻片盖着。这样的操作，至少可以使液体和空气有片刻的接触。我们立刻可以看出玻球里的短螺菌（特别法）和玻片下的短螺菌（普通法）在运动上有怎样的差别。在玻片下靠边的部分，短螺菌的运动已经完全停止，因为这是可以直接和空气接触的。中部的短螺菌的运动，还可以维持一刻；但是时间上也颇有出入，这要看玻片边上的短螺菌隔断空气侵入的力量如何。就是没有多少的经验，我们也很容易看出那滴被空气包围着的发酵液，在刚被玻片盖着的时候，就呈现着迟钝的、病态的短螺菌——我们想不出好点的词句来描写我们所看见的情景——不过在中部，它们又渐渐地恢复原有的活泼。这是因为它们到了受氧的影响较少的部分。空气的影响愈小，它们的运动愈易恢复。我们研究通常在空气中生长的细菌（即好氧细菌），得到了很奇特的事实，和上述的情况恰好相反，同时也有相互的关系。我们若放一滴充满着这种生物的液体在显微镜上，一样用玻片盖着，立刻可以看见液体中部的细菌，因为必需的氧不多时就都被它们吸去，渐次地停止运动。但玻片边上的细菌，因为有足够的空气，还是很活泼。玻片中部的细菌，虽然很快失去活力，但是只要有一两个气泡存在，就可以维持长一点的时期。在气泡的边上，大量细菌聚集成很厚的一圈。不过气泡内的氧被吸尽后，它们立刻丧失运动的能力，不久就被液体的流动冲散了。[①]

读者诸君，或许愿意晓得，我们最初有厌氧生活的观念，就是在1861 年的某日连续做了上述的两次研究以后。我们因此也想到乳酸发酵里的短螺菌，或系真正的酪酸发酵剂。

在这里，我们可以停下来讨论一下酪酸发酵的短螺菌所呈的两种性质。我们要问为什么有的短螺菌有折光性的小粒，而且大多是两面凸的（如图 14 所示）。我们极倾向于认为，这种小粒和短螺菌的一种

---

① 这件事实，是我们在 1863 年发表的。后来霍夫曼（H.Hoffmann）在 1869 年的一篇法文论文里证明了这个说法（"Mémoire sur les bactéries", *Annales des Sciences Naturelles*, 5th series, vol.ix）。我们现在还有关于这一点的未曾发表的事实：好氧细菌突然被浸入碳酸气中，可以完全失掉它们的运动力（power of movement）；但是再度放到空气里的时候，它们可以立刻恢复原状，好像是麻醉后的清醒。

特殊的生殖有关系。这种生殖——我们正在研究——是厌氧生物和通常的好氧生物共有的。那么依照我们的意见，这种现象可以这样解释：它们经过了一定次数的裂生生殖，同时又因为发酵本身和短螺菌的生活的关系，媒液的组成也经历过逐渐的变化，所以后来在几处就有胞囊（cysts）产生；这胞囊就是那折光的小粒。从这种芽状体，我们最后得着短螺菌。这些短螺菌，行横裂生殖，过了几时也要变成胞囊。根据各方面的观察我们推论，通常的微小、柔软而丰满的棒形短螺菌，干燥了之后很容易死亡。若预先化成颗粒的或胞囊的形状，就具有很强的抵抗力，可如尘埃，被风吹得随处飘荡。包着小粒或胞囊的物质，并不做保存的工作。因为变成胞囊的时候，外层都渐被吸收。所以最后胞囊全是光溜的。胞囊看上去是一块块的粒状物，即使是最有训练的眼睛，都认不出这种东西具有生机，也绝想不到形成它们的那些短螺菌；尽管如此，这种东西仍有潜伏的活力，正在等待适当的机会发育，复变成长的棒形生物。我们确实缺乏强有力的证据，支持我们的观点。我们的观点完全是从几个实验上得来的推论。这些实验，没有一个能绝对和理想符合。我们姑且提出一个实验讨论：

有一次，矿质媒液中发生了甘油发酵——这次用的发酵剂是酪酸短螺菌——我们确定这一发酵液里只有两面凸的有折光小粒的短螺菌存在。不知为什么，该作用原很迟钝，后来忽然受了通常短螺菌的影响，变得非常活泼。有明亮小粒的芽状体，几乎都消失了。当时只稍见几个，也只剩下了折光体，其余的都复被吸收了。

另一个更加贴近这个假定的研究，载在我们关于蚕疾的著作上。在那本书里，我们说明含有许多折光小粒的干燥的粉状的短螺菌，留在水中只有几小时就生出大的短螺菌，见着发育圆满的长棒，并不带着什么明亮的小点。同时在水中我们并未看到小的短螺菌长大。这似乎可以证明大的短螺菌从折光小粒中生出来的时候，已经长成。这与我们看见过肾形虫（*colpoda*）从它们的胞囊中生出来时已经长成是一样的。这个研究，可作为反对短螺菌或细菌自然发生说的确实证据（我们想，细菌也有同样的性质）。自然，我们不能说，在显微镜底下观察几点粉末，就可以分别指定说：这是短螺菌的种子，那是细菌的种子。不过我们绝不能怀疑，这些短螺菌是从一种有定性的胞囊或孢子里生出来的。因为我们亲眼看见水中加了点这种无定性的粉末后，不过一两个小时，就有大的短螺菌经过显微镜下。同时我们又没有看见有什么居间的形体——较新生的时候大、比成年的时候小的形体。

短螺菌的外观和性质，和它们的年龄有关。有时某种情形使媒液受到什么影响，也足以改变它们的外观和性质。不过外观和性质的差别，是否能引起发酵本身和产物上的不同，还是个疑问。前述酪酸发酵所产生的氢和碳酸气，成分上颇有出入。这样看来，倒很像是有关系的。我们还晓得，氢并不是这种发酵里常存的产物。以前我们曾经遇到乳酸钙的酪酸发酵，是绝对没有产氢的。其实除了碳酸气，没有其余的产物。图 16 所示的，就是我们在这种发酵液里看见的短螺菌。它们并没有什么特点。照我们的观察，酪醇（butyl alchol）是这种发

图 16

醇的通常产物——虽不能说是必有的。既然有酪醇产生，同时氢又很少，我们可以假定前者的成分极大时，后者的成分必极小。然而，这假定和事实不符。就是在氢完全缺乏的少数实验中，我们也未能发现酪醇。

综合本节里的事实，我们可毫无疑义地下此结论：酪酸发酵里的短螺菌，是营厌氧生活的。气体的氧对于它们的活动有不良的影响。但是我们可否就说，正在发生酪酸发酵的液体一旦与微量的空气接触，发酵就能够完全停止，或至少发生阻碍？关于这点，我们没有做什么直接的实验。但是空气在这种情形之下，反而有利于这种短螺菌的繁殖，从而提高发酵的速度，酵母就是个现成的实例。不过假如我们可以证明这话是不错的，怎么和刚才所说的酪酸短螺菌接触空气就有危险的话相合？恐怕厌氧的生活是习惯的结果，而触着空气的死亡，可说是因为短螺菌的生存情境有突然的变化的缘故。以下是个很著名的试验：一只鸟，放在容量 1 ～ 2 升（60 ～ 120 立方英寸）的瓶里，将瓶盖盖上。等一刻，这只鸟就表现出极端的不安和窒息的征兆。隔了许多时间，方才毙命。在它未死的时候，若有相同的鸟也放进瓶中，可以立刻死去。而原来在里面的鸟或许还可以继续生存很长的时间。若在其未死时拿出瓶外，也未尝不可以恢复它的健康。我们不能否认，这个实验可以证明生物能渐渐地改变它们的性质，使其自身适应渐次污染的媒介。所以酪酸发酵的厌氧的短螺菌，忽然从没有空气的媒液中取出，就立刻灭亡。但是我们若渐渐加入微量的空气，恐怕就会得出颇不相同的结果。

我们不得不承认，露于空气中的液体中往往有很多的短螺菌。它们吸取大气中的氧，而不能突然地离开氧的影响。我们是否应当因此承认它们和酪酸发酵里的短螺菌不同？我们以为还是这样说来得自然点：这两种短螺菌，都是适应环境的。一种适应有空气的生活，一种适应没有空气的生活。从习惯了的环境，忽然迁移到另一环境，就要有死亡发生；但经过有步骤的改革，也可以从这一种变到那一种。①我们深知酒精发酵剂确实能在没有空气的地方生存，但若加入微量的空气，它们繁殖的速度可以增加。还有几个未曾发表的实验使我们相信，它们假若在没有空气的环境里过了几时，忽然接触到多量的氧，也不能不受损伤。

不过，还有一点是不应该忽略的。我们晓得吸氧的圆酵母（*torulae*），和厌氧的发酵剂，可说是完全相同的生物。不过在它们中间，找不出什么共源的关系。所以现在我们不得不将它们视为特殊的类别。这样看来，或许也有不能互相变换的吸氧和厌氧的短螺菌。

有人曾经提过关于短螺菌究竟是动物还是植物的问题——特别要紧的是关于那些做酪酸发酵和他种发酵的发酵剂的短螺菌。罗宾（Robin）很注意这问题。他说："确定各生物——动物或植物——的性质，无论是讲生物的全部，还是分别讲解剖学上所谓同化的或生殖的部分，是最近二三十年中已能解决的问题。研究有机的科学家，在开始研究之前最不可或缺的工作，就是要明确他们所研究的长成的和未成年的各生物是动物还是植物。所以现在关于这个问题的理论和实验的方法，都很准确。研究生物的学者若忽略了这点，就好像化学家从生物组织中提取某物质后，不管它是氮，是氢，是尿素，还是脂蜡精一样；也好比在研究某物质的化合作用时，不晓得那物质究竟是什么。现在研究发酵和腐烂作用的人，不甚注意上述的初步工作。就是巴斯德在最近发表的论文里，除了通称为圆酵母科（Torulaceae）的一

---

① 这种可以怀疑的地方，只需用实验来测验，立刻就可以消除怀疑。

种隐花植物外，关于他所研究的各种发酵剂，都没有说起它们是动物还是植物。仔细体味他的著作中的许多话，他似乎认明称为细菌的那隐花生物和通称为短螺菌的生物，皆属动物界（参阅 1875 年的《医学科学院学报》249、251 页和特别重要的 256、266、267、289 和 290 各页）。这两种生物，至少在生理学上是很有区别的。前一种是厌氧的——就是不需氧来维持生命的。若液中溶解了多量的氧，即不能生存。"①

对于这个问题，恕我们不能和这位学识丰富的同事持有相同的意见。我们现在如果也认为研究生物的学者不设法确定发酵剂为动物或植物，和化学家不辨氮与氢或尿素与蜡精是相等的错误，那么我们一定是昏头了。有疑问的题目是否应当即刻解决，要看观察点如何。我们在工作的时候，不过注意到两个问题：①在真正的发酵作用里，发酵剂是否为有机的生物？②这种有机的生物，是否能在无氧的地方生活？我们要问：这种有机的生物是动物还是植物的问题，和以上两个问题有什么关系？须知在研究酪酸发酵时，我们要确定的是下列两个基本事实：①酪酸发酵剂是一种短螺菌；②这短螺菌可以隔绝空气而生存。实际上在发生酪酸发酵的时候，它的确是隔绝空气的。我们现在认为不必发表什么意见，来讨论这种生物的动物性或植物性的问题。到现在，我们以为短螺菌是动物而不是植物，不过是种情感作用，并不是有根据的信仰。

罗宾以为确定动植物两界的界限，并不是件困难的事。他说："无论哪种木质和雌或雄的植物的生殖机能，皆不溶解于氨水中。无论那为母的植物，已经达到了进化的哪一步，只要加入此试剂（冷的或煮

① 参阅罗宾的 "Sur la nature des fermentations, &c"（*Journal de l'Académie et de la Physiologie*, July and August, 1875, p.386）。

沸的皆可）绝对不会发生什么变化，至多不过是内部因稍被溶解而变得透明。所以无论什么大小的植物，无论什么细菌和孢子，都可以完全保存它们的外形、体积和内部的结构。但是微小的动物和各大动物的卵细胞和胚胎，在氨水里都要发生很大的变化。

用一滴氨水，就能够使我们很自信地发表关于最低微的生物的见解，自然是件可贺的事情。不过我们要问，罗宾的假定是否完全准确？这位先生亲自说，通常称为精虫的动物放在氨水中，不过颜色淡些，并没有溶解。如果利用试剂的作用上的不同，就可以划分动植物的界限，我们是否可以说霉菌和细菌有极大的自然的区别？因为我们只要在媒液中加入了微量的酸，就可以促进前者的生长和繁殖，同时也足以阻止细菌和短螺菌的生长。虽然运动的能力不是动物唯一的特性，但我们总因为短螺菌有种很特别的动作，而认为它们是动物。我们只要看硅藻科（Diatomacæ）物种的动作，和短螺菌的动作，相差如何厉害！短螺菌遇着障碍物就回头，有时也稍试对方的强弱。如果它觉得不能胜过，就立刻找旧路回去。肾形虫原是纤毛虫类，也有这样的行为。恐怕有人要说，有几种隐花植物的游走芽孢（zoospores）也呈现同样的动作。但是这种游走芽孢，不是和精虫有相等的动物性吗？至少关于细菌，我们以前不是已经说过，我们看见它们在找不着氧的时候，都围着液中的气泡以延长它们的生命。我们自然不得不认为这是和其他的动物一样的求生的天性。罗宾自以为能够在动植物界的中间画一条很清楚的界限，我们觉得这一想法是错误的。而且我们还要再说一遍，这界限能够确定与否，和我们现在所讨论的问题没有什么密切的关系。

罗宾反对我们用种子（germ）这名称，而同时又不能指定这种子是动物还是植物。照上述的理由，这种话也可说是无意识的顾虑。我们在讨论各问题的时候，无论是发酵还是自然发生，用种子这个名词都是表示生物的源。譬如，李比希曾经提及某蛋白质性的物质能引起发酵作用。我们就反对他说："不对，发酵剂是个有机的生物。它的种子总是存在的。蛋白质性物质，不过供给种子和它的后代的营养而已。"这种答复，可以算是再明白也没有的了。

在 1862 年发表的关于自然发生的论文中，如果我们对于观察中所遇到的微细生物都给予个别的名称，是不是一件大错的事呢？我们如果这样做，就会感觉极端的困难。因为现代微生物的分类和命名还未经整理。甚至我们的论文，也要因此受到影响，不能像现在这样清楚。无论如何，我们总不得不离开原来的目的，而讨论其他的事件。（我们原来的目的，是要大概确定生命的存在与否，而不是专门注意某种动物或植物的表现。）因此我们用的名称都是最笼统的，像毛霉菌、圆酵母、细菌和短螺菌。我们这种称谓，并非是武断的——用指定的命名去称各种尚未深悉的生物，才可说是武断的。这些生物的异同，不过能够在几种特点上看得出；但这些特点的意义，却无从考察。譬如最近几年康恩、霍夫曼、赫黎尔（Hallier）和比尔罗斯（Billroth）这几位学者的著作里，都刊载着各种不同的命名法。虽然只限于细菌和短螺菌两属，却已经足够繁复。自然，我们并不将这几位的著作放在一个水平线上。

罗宾现在推翻了他以前的一个意见。他从前曾说："发酵是个外在的现象，它是发生在隐花植物的细胞外边的，也可说是个接触的现象。"现在他说："发酵或系内在的分子作用，作用地点是细胞的最深处。"我们以前证明了，任何有机的发酵剂的种子，在除去了有机物和含氮物（氨气不在内）的媒液中可以发育和繁殖。在这样的媒液中，发酵剂所需的碳质只能从发酵的物质中提取。自从我们证明了这几点后，李比希和贝采里乌斯的理论（这是罗宾以前所赞同的）自然不能成立，只得让其他和事实相符的理论占先了。罗宾对于自然发生，在他的论文（就是我们现在驳斥的）的末节，有种错误的、没有根据的见解，我们希望将来他也能够承认自己的观点有错的地方。

本章所述的内容，其大概是要确定厌氧的生活是个事实——而且是生理学上极重要的事实。我们同时也要发表这种生活和真正的发酵现象的相互的关系。真正的发酵，专指微小的单细胞生物所发生的作用。我们所提出的解释这种现象之新理论，是拿这两点作基础的。我们所以不厌其烦地加入许多琐碎的事实，有两个原因：①问题是新提出的；②德国博物学家白雷弗和德劳贝二人的研究之结果，使其他人对于我们所引为根据的那些事实，容易起怀疑的心思。为免除批评和争论，我们特地详述那些误会的地方。我们在校对本章稿样的时候，收到了白雷弗在 1876 年从柏林寄出的信。他详述自己后来所做的实验，并且很诚实地承认他和德劳贝都错了。他现在承认厌氧的生活有了很圆满的证明，他曾经亲见总状毛霉菌和酵母在没有氧的环境里活着。他说："我以前极求精确地做了实验后，认为巴斯德的意见不对而攻击他。现在我毫不迟疑地承认他的观点没有错，并且很愿意宣扬他对于科学的贡献，因为他最先确定了发酵现象中各种物质的关系。"

白雷弗在后来的研究中，应用了我们研究酪酸短螺菌的生长和繁殖的方法；同时也应用了在含发酵物质的矿质媒液中培育生物的方法。对于白雷弗的其他的批评，我们可以不必讨论。他读了本文以后，就要觉得这种批评没有一点根据。

能够使得自己相信一件新发现的真理，是进步的第一级；使他人相信，是第二级；还有第三级，就是说服反对的人。这虽然没有什么大用处，但至少可以安慰自己。

所以，我们现在能够说服一位很有才华的研究者，使他在细胞生理学一个很重要的问题上和我们持有相同的意见，也是桩很令人满意的事情。

六

答复李比希1870年发表的批评[①]

·Ⅵ *Reply to the Critical Observations of Liebig, Published in 1870* ·

　　构造高等植物里的主要物质和分解碳酸气，必须有太阳的照射。但这并不意味着低等生物必定也是这样。事实上，有几类植物无须太阳的照射也可以形成很复杂的物质。它们所需的碳，不是从已经被氧饱和了的碳酸气中提取的，而是得自尚有吸氧能力的物质。

　　① 参看李比希："Sur la fermentation et la source de la force musculaire"（*Annales de Chimie et de Physique*，4th series，vol.xxiii.，p.5,1870 ）。

Paris 7 juin 1887

Mon cher petit Meister,

J'ai bien reçu ta lettre du 21 mai dernier. Mille occupations m'ont empêché d'y répondre plus tôt et de te remercier de tes vœux de bonne santé pour ma famille et pour moi. Je suis heureux d'apprendre que tu vas bien et que tu travailles sérieusement.

Par ton application et ta conduite efforce-toi toujours de mériter l'approbation de tes maîtres et de faire le bonheur de ta famille. Sois bon frère et bon fils.

Ci-joint un mandat de 20 fr pour tes étrennes. Bons et affectueux souvenirs.

L. Pasteur

在 1860 年的和以后的关于发酵的论著里，我们对于这奇特的现象的见解，和李比希的截然不同。贝采里乌斯和米切尔里希的意见，遇到了我们所发现的事实，自然不能存在。从那时起，我们臆断这位慕尼黑的知名化学家（指李比希）已经接受了我们的结论。因为他虽然以前常在研究这个问题——从他的著作里，可以看得出——但从那时起，他许久没有发表什么意见。后来我们在《理化杂志》（*Annales de Chimie et de Physique*）上发现了一篇长文，是用他自 1868 年至 1869 年在巴伐利亚学院（Academy of Bavaria）的演讲记录而写成的。李比希在这篇论文里，还是维持以前的论调——有些地方不免稍有改变。而我们在 1860 年的论文里，用来反驳他的理论之事实，也被他否认了。

他说："我曾经承认，可发酵物质分解成较简单的物质和发酵剂本身的分解有关。发酵剂对于可发酵物质的作用，视该发酵剂本身的变化而继续或停止。发酵剂的一种或一种以上的成分，其消失或变易能够引起糖质的分子之构造上的变化。所以这两种物质必须放在一起，方才有作用发生。巴斯德是这样解释发酵现象的：发酵的化学作用，和某种生活的作用有相互的关系。这两种作用始终是并行的。他以为有酒精发酵，同时必有小球的有机化、生长和繁殖并进。若不然，至少也有已成的小球继续生活。但是若说发酵时糖质的分解是由于发酵剂本身的细胞的发育，那么发酵剂可以使纯粹的糖质溶液发酵的事实是与此矛盾的。大部分发酵剂是由一种富于氮且含硫的物质所组成

◀ 1887 年巴斯德写给全世界第一个接受狂犬病疫苗注射的犬伤患者约瑟夫·梅斯特的亲笔信

的，此外还有微量的磷质。所以，在发酵的纯粹糖溶液里，既然没有这种物质，怎样会有细胞的生长，倒是件难以想象的事。"

李比希虽然这样说，事实却并非如此。发酵时糖质的分解，和发酵剂能使纯粹糖质发酵的事实并不冲突。用显微镜研究过这种发酵的，都晓得发酵剂细胞就是在绝对纯粹的糖液里也能繁殖。原因是各细胞都带着发酵剂所需要的食物。我们也可以借助于显微镜看见许多细胞正在生芽。尚未生芽的细胞，当然也继续地生存。

除了发育和细胞的繁殖，其生活的表现还可以用其他的方法来证明。在 1860 年的论文里，从第 81 页 D，E，F，H，I 五个实验中我们可以看出，即使不去计算糖液使酵母失去的可溶部分，纯粹糖液发酵后酵母的重量也已经有很大的增加。上述五个实验里的酵母，经过了洗濯和 100℃（212°F）的烘干作用，重量都大于在同样温度烘干的新鲜酵母。

在这几个实验里，我们用的酵母的重量，用克（1 克 =15.43 格令）表明如下：

（1）2.313

（2）2.626

（3）1.198

（4）0.699

（5）0.326

（6）0.476

这些酵母在发酵后，不计算糖水吸取的部分，有以下的重量：

（1）2.486　　　　增加 0.173 克（2.65 格令）

（2）2.963　　　　增加 0.337 克（5.16 格令）

（3）1.700　　　　增加 0.502 克（7.7 格令）

（4）0.712　　　　增加 0.013 克（0.2 格令）

（5）0.335　　　　增加 0.009 克（0.14 格令）

（6）0.590　　　　增加 0.114 克（1.75 格令）

这种明显的重量的增加，难道不是生命的表现吗？或者，换一种适当点的说法，难道不是营养的和同化的化学作用之证据吗？

关于这个问题，可以引用以前的实验作参考。在 1857 年科学院的报告里有这个实验的记载，可以很明显地说明，糖液由发酵剂的小球体中吸取的可溶部分，对于发酵作用有怎样大的影响。

我们将洗濯过的新鲜酵母，分为等重的两部分：一份放在只有糖的水里，待其发酵；还有一份，加了过量的水煮沸，然后再过滤以除去小球。这样将所有的可溶部分都从酵母里提出以后，就将微量的酵母加到过滤后的液中；另外又加了和第一份等重的糖质。那所加的酵母的重量，绝不会影响实验的结果。我们种的小球（指新鲜酵母）渐次生芽，液体变浊，酵母也渐渐沉降，糖的发酵同时发生。不到几小时，已经有很明显的现象了。这些都是我们预料到的结果。不过有个事实，很值得注意。我们这样使酵母的可溶部分构成小球体，其间分解的糖，为量确实很大。我们的实验结果如下：酵母 5 克在 6 日内，分解糖 12.9 克；过了第 6 日，力量就用尽了。同样的酵母 5 克，提取出它的可溶部分，在 9 天内分解糖 10 克。到这地步，那培育出来的酵母也用尽了它的精力。

我们眼见着上述的酵母，用煮沸法除去了氮和矿质的部分，受到极微量的球体的影响，立刻可以使新球体产生，同时使很多的糖起发酵作用。亲眼看见这些变化，怎么可以再说酵母的可溶部分在糖液的

发酵中没有产生新球体或没有完成已生的球体的功效？ ①

李比希曾经说过，被酵母发酵的纯糖溶液，缺乏酵母生长所需要的元素氮、硫和磷。因此照我们的理论，糖液绝不能发酵。但这是无根据的话——糖液有微量的酵母加入，已经含有这些元素了。

我们再继续看李比希的评语：

"还要注意的是，酵母能引起多种物质的发酵——和糖的发酵类似。我们曾经证明，苹果酸钙（malate of lime）遇了酵母，很容易发酵，分解成三种钙盐（calcareous salts），即醋酸钙、碳酸钙和琥珀酸钙。如果酵母的作用不过是它自己的生长和繁殖的表现，那么讲到苹果酸钙和其余的植物酸的钙盐，又怎样得到一个圆满的解释呢？"

这句话虽然出自我们的著名批评家，但一点儿也不正确。酵母对于苹果酸钙和其他的植物酸的钙盐都没有作用。李比希以前曾经很得意地提及尿素在有酵母的酒精发酵中，能够变成碳酸铵的事实。现在已经有人证明这事实是不能存在的。李比希在这里所犯的，又是个同样的错误。在他所讲的发酵（苹果酸钙的发酵）中有几种自然产生的发酵剂，这些发酵剂的种子就和酵母在一起，所以也就在酵母和苹果酸钙的混合物里生长。酵母在这种发酵里，不过是供给这种发酵剂的食物，与发酵并没有直接的关系。我们的研究——如前述的关于酒石酸钙的发酵之研究——使这一点完全没有疑问。

酵母能在某种情形之下使各种物质发生变化，这的确是个事实。譬如杜白莱纳（Doebereiner）和米切尔里希证明酵母有一种可

---

① 在这里我们应该说明，用酵母使纯粹的糖液发酵的时候，水中原有的和酵母所吸取的氧，对于发酵作用的剧烈与否，很有影响。假如我们用碳酸气通入糖水和浸过酵母的水，发酵就很迟缓。新生的几个酵母，也会变成畸形。其实这是我们可以预料到的。年老点的酵母，即便是在营养物质完全的媒液里，只要除去了空气，也绝不会发生发酵作用。那么那纯糖水里通入碳酸气，自然更应当有这种现象了。

溶的物质，此物质能使蔗糖液化，又能使其吸取水的元素而生转化作用（inversion），好比淀粉酵素（diastase）对于淀粉，杏仁酵素（emulsin）对于杏仁素（anygdalin）一样。

贝特洛（Berthelot）曾经证明，此物质可用酒精使它沉淀，与淀粉酵素从溶液中沉淀一样[①]，这些都是奇异的事实。不过现在，它们和酵母引起的糖的酒精发酵，只有些很含糊的关系。我们已经用实验证明，通常认为是接触作用的很多发酵，含有特别形状的发酵剂。从

[①] 参阅杜白莱纳：*Journal de Chimie de Schweigger*，vol.xii.，p.129 与 *Journal de Pharmacie*，vol i.，p.342 登载的记录。

参阅米切尔里希：*Monatsberichte d.Kön.Preuss.Akad.d.Wissen*，*zu Berlin*，与 *Rapports annuels de Berzelius*，Paris，1843，3rd year。关于罗斯（H.Rose）论蔗糖的转化的文章（1840 年发表），米切尔里希说："酒精发酵里的蔗糖的转化作用，并非酵母所致，乃由于水里一种可溶的物质。用滤纸除去发酵剂以后剩下的液体，有转化蔗糖使其不能结晶的能力。"

贝特洛（参阅 *Comptes rendus de l'Académie*，在 1860 年 5 月 28 日的会议里，贝特洛证明了上述的米切尔里希的实验）他另外还证明米切尔里希所指的可溶物质可用醇使其沉淀，同时并不失掉它的转化力。贝尚曾经应用米切尔里希的方法（关于酵母的可溶的有发酵性的部分的提取方法）研究微菌。结果他发现霉菌也有种水溶的转化剂。若用灭菌剂防止霉菌的生长，糖的转化立刻就停止。

讲到这里，我们要提出贝尚自认为首先发现者的问题。大家都晓得，我们最初证明发酵剂的种子，和糖、氨水、磷酸盐类同置于纯粹水中，可以发育，并长成健全的发酵剂。贝尚根据这件已经确定的事实——霉菌可以在甜水里生长和（照贝尚所说）转化蔗糖的事实——宣布他已经证明了"活着的有机的发酵剂，能在没有蛋白质类的媒液里产生"。（参阅 *Comptes rendus*，vol.，lxxv.，p.1519.）贝尚应该说——合乎逻辑的说法——他已经证明了有几种霉菌能在没有氮和磷酸盐或其他的矿盐（mineral salts）的纯粹糖水里产生。这是他的实验的结果应有的结论。但是我们听到这么一种发现——含纯糖的水可培育霉菌的发现——毫不引以为奇。

贝尚第一篇关于转化的论文，是在 1855 年发表的，其中并没有提起霉菌的问题。第二次的论文——就是受了我们的影响的——是在 1858 年 1 月发表的。这是在 1857 年 11 月我们发表《乳酸发酵论》以后。在这篇论文里，我们首倡乳酸发酵剂是有机的生物的学说。我们也说起：蛋白质类和发酵没有关系，不过作发酵剂的食物。贝尚的论文，也是在 1857 年 12 月 21 日我们发表的最初的《酒精发酵论》以后。世人明了了发酵作用和微小的生物的生活之密切关系，都是在我们这两篇文字问世以后。它们发表了不久，贝尚就修改了他以前的结论。但是他虽然提起过蔗糖发酵时霉菌的存在，他自 1855 年起，没有做过关于此事的实验。（*Comptes rendus*, January 4th, 1858）

这一点看，我们所称为发酵作用的现象，和可溶物质所引起的现象有很大的区别。研究愈精，这种区别的表现也愈明显。杜马的见解是，真正发酵的发酵剂，在作用的时候自行繁殖；其余的都被毁灭。[①] 最近明兹（Müntz）证明氯仿能阻止真发酵，但是不能影响淀粉酵素的作用（1875 年的报告）；博夏达（Bouchardat）证明氢氰酸、汞盐、醚醇、木油、松节油、柠檬油、丁香油和芥油都能毁灭或阻止酒精发酵，但是对于糖原质的发酵（glucoside fermentation）则毫无影响〔《理化记事》（*Annales de Chimie et de Physique*, 3rd Series, vol.xiv., 1845）〕。我们很佩服博夏达的聪敏，因为他认为这种结果为酒精发酵依赖酵母细胞的生命之证明。他也深信，这两种发酵，应该分别看待。

伯特（Bert）研究气压对于生命现象的影响，曾经注意到高压的氧能毁灭几种发酵剂的事实。不过在同样情形之下，这种氧并不阻碍所谓可溶发酵剂的作用，如淀粉酵素（转化糖的发酵剂）和杏仁酵素。真发酵剂在高压空气中停止活动，即使后来再放回寻常空气中，只要没有种子闯入，也不会恢复原状。

现在我们要讨论李比希的主要反论。这是他的巧辩的最后一段，占了八九页。

他现在提及的，是糖水加了铵盐和少许酵母灰，能使酵母生长的事。他此前说发酵剂就是正在分解的蛋白质性物质，这话自然和这事实不相符合。在这里，并没有什么蛋白质性物质，能产生酵母的只有矿质。我们晓得李比希的意思是，酵母和通常发酵剂都是含氮的蛋白质性物质，有类似杏仁酵素的能力，可以引起几种化学分解作用。他

---

① 发酵剂有两种：①发酵液中如有足够的食物可以供给它的需要，它就繁殖，例如啤酒酵母；②发生作用的时候必须牺牲自己，例如淀粉酵素。（Dumas, *Comptes rendus de l'Académie*, vol.lxxv, p.277, 1872）

将发酵作用和蛋白质性物质的分解联系在一起。所以就得到以下的见解：“正在分解的蛋白质性物质有一种能力，可以将它本身的原子的运动力传给另外的几种物质。这几种物质和蛋白质性物质接触，即传受了分解的或另行化合的能力。”李比希在这里没有明白，在生物的立场上说，发酵剂与发酵有什么关系。

这个理论，最初在 1843 年发表。1846 年布特龙（Boutron）和弗雷米在《理化记事》上发表了一篇关于乳酸发酵的论文，过分地扩大此理论的范围。他们说同一含氮物质接触空气的时候，可以经过各种变化，连续地变成酒精发酵剂、乳酸发酵剂、酪酸发酵剂和其他发酵剂。完全依据理想的理论，自然是很容易形成的。而且若有新发现的事实和理论不符，他们立刻就可以加点新理论以作解释。自从 1857 年受到了我们的攻击，李比希和弗雷米就是用这个方法弥补缺点的。在 1864 年，弗雷米发表了他的半生机（hemi-organism）的理论。他发表这个理论，就是表示他已经放弃了 1843 年的李比希的理论，和布特龙及他自己在 1846 年所增加的部分。换句话说，他已经放弃了蛋白质性物质为发酵剂的观念。他另立了一个解释说，蛋白质性物质和空气接触时，有特殊的能力，可以组成新的生物——就是我们发现的各有生命的发酵剂。还有一点是说，啤酒发酵剂和葡萄发酵剂有一个共源。

半生机的理论，一字一句都是特尔宾（Turpin）的老朽的意见。人民大众——特别是一部分的大众——对于这个问题，都不是研究的态度。当时自然发生的原理，很引起普通大众的注意和探讨，弗雷米的理论中，只有半生机这名目是新颖夺目、可以欺骗民众的。大家都觉得弗雷米已经解决了当时的大问题。一种蛋白质性物质，能够忽然变成一个有生命的生芽的细胞，原是件不易明了的事情。弗雷米算是解决了这个难题。他说这是一种尚未深悉的力量的结果，可以称作有机的冲动（organic impulse）。①

李比希和弗雷米处于相同的地位。他也不得不放弃关于发酵作用原有的意见，然后采取了以下的无理由的观念（见 1870 年李比希的论文）：

"植物在发酵现象里所占的地位，现在是没有什么可怀疑的地方了。糖和蛋白质性物质，能够化合和组成这种不稳固的物质，成为菌膜的一部分，使它们对于糖发生作用。若菌膜停止生长，细胞各部分的连接物即行放松。因此发生的运动，使酵母的细胞扰乱或离异糖的元素，组成新的分子。"

要解释这段话，颇费思索，读者恐怕要以为《理化记事》的翻译者弄错了意思。

其新的和旧的理论都不能解释酵母的生长和含糖的矿质媒液里的发酵。因为在后一个实验中，发酵是与发酵剂的生活和营养有相互关系的。发酵剂和它的食物有种常变。因为它的碳都是从糖质中提取的，它的氮是从氨水中得来的，它的磷就是从溶解的磷酸盐中取得的。这样看来，那种无根据的假定，说是什么接触作用或传递的运动，究竟有什么用处呢？我们现在提到的这个实验是基本的。我们这争论的有效点，就是在于这实验的可能。李比希或者可以说："你们的实验的要点，就是生命的和营养的运动。我的理论需要传递的运动，也在这一点。"但是说也奇怪，李比希的确想这样说。不过他的话是附带且怯弱的："从化学方面观察——我很不情愿放弃这点观察——生活作用（vital action）是运动的现象。这种关于生命（life）的双解，巴斯德的理论和我的相符（第 6 页）。"这话是不错的。李比希在另外

① 参阅弗雷米：*Comptes rendus de l'Académie*，vol.lviii.，p.1065，1864。

一个地方说：

"恐怕发酵的现象，和生理的作用的唯一的一个相互的关系是这样的：在有生命的细胞里，产生一种有特殊性质的物质。这特殊性质和杏仁酵素分解水杨苷（salicin）及苦杏仁苷的性质相同。这产生的物质，能够使糖分解为其他的有机分子。照此观念，生理的作用是产生这物质所必需的；但是对于发酵作用，则没有什么关系。"对于这点，我们也没有什么反对的地方。

但是，李比希并不详细讨论这几点，他不过顺便地略述一遍。因为他深知这些并不能替他的理论辩护，只能算是规避的方法。如果他坚持这种议论，如果他的反驳完全基于这两点，那么我们就要这样答复："如果你不承认发酵与发酵剂的生活和营养有相互的关系，那么我们在这一点上同意你的观点。既然同意了，最好我们可以研究发酵的真正原因。（这是第二个问题，和第一个问题要分别讨论。）科学能够解决许多问题，渐次地精细，直探一种现象的根源。如果我们继续讨论各种有生命的、有机的生物如何分解可发酵物质，我们又会在你的传递运动的假定上失和，因为照我们的意见，发酵的真正原因，大概都在厌氧的生活，这种生活是许多发酵剂的特性。"

我们再来约略地看看，李比希对于含糖矿质媒液的发酵有怎样的见解。这件事实，本就是和他的理想大相径庭的。[①]经过了良久的考虑，他方才表示这实验不准确。他说实验的结果是不可靠的。虽然，李比希不是那样的人——可以在缺乏深刻理由的情况下随便地拒绝一件事实。他也绝不会为了避免麻烦的讨论，才这样说。他说："我反复地将这实验做了许多次，得到的结果，除关于发酵剂的形成和增加

---

① 参阅我们在 1860 年刊载于《理化记事》（*Annales de Chimie et de Physique*, vol. lviii, p.61）的论文，尤其是最后的那两页（69 和 70 页），是实验的记录。

外，其余和巴斯德的相同。"但是我们这实验的要点，就是这发酵剂的形成和增加。所以我们的讨论，只限于这一点：李比希否认发酵剂能够在含糖矿质媒液中生长。我们却承认这事是确实的，而且是很容易证明的。1871 年，我们当着巴黎科学院诸君的面，在答复李比希的短信里声明：愿在指定的委员会面前，用矿质媒液制备发酵剂。该发酵剂的量，可由李比希任意指定——自然在合理的范围以内。[①] 当时我们的确比在 1860 年的时候胆大，因为经过 10 年来充分的研究，我们对于这问题的知识又增加了不少。李比希并未接受我们的提议，他也没有答复我们的信。直到 1873 年 4 月 18 日他去世的时候，他也没有发表关于这个问题的文字。[②]

我们在 1860 年发表的这实验的详细报告里，曾经注意到实验时的各种困难，并且提出失败的可能原因。我们特别提出一件事实，即含糖矿质媒液对于细菌、乳酸发酵剂和其他的低等生物给予之营养，比它对于酵母给予的营养要适宜得多。所以空气中尘埃上的种子很容易因自然生长使媒液中充满着各种生物。在实验开始的时候，酒精发酵剂不见生长，是因为那种媒液不适于酵母的生活。不过在其他生物产生以后，原有的媒液增加了许多蛋白质性物质，性质上发生变化，因此酒精发酵剂继续生长。在 1860 年的论文里，可以找到几件类似的关于蛋白质所致的发酵之事。譬如说，我们研究过关于

---

① 参阅巴斯德：*Comptes rendus de l'Académie des Sciences*, vol. lxxiii., p.1419, 1871。

② 李比希在 1870 年的论文里承认："我的已故的朋友贝鲁兹（Pelouze）在 9 年前曾经告诉过我巴斯德的发酵的研究。当时我同他说，我不情愿即刻改变我对于发酵作用的见解。我还说，假如发酵液里加入氨水的确可以产生酵母，实业界就会立刻应用这一事实。但是直到现在，酵母的制法还没有什么改革。"我们不晓得当时贝鲁兹怎样答复他，但是我们不难想象，那位聪明的观察者（指贝鲁兹）一定会和他的朋友说，科学上的新发现是否能够大规模地应用和获利，并不能作为那新发现正确与否的标准。我们可以请几位实业界巨子，如酿酒指导员佩泽尔（Pezeyre）先生，证明李比希在这一点上也错了。

血的问题，我们可借这个机会，附带地发表。我们当时的结论：血
清中含有几种不同的蛋白。这个讨论，已经有贝尚和其他的实验家
继续证明。不过这是另外的事，现在我们还是说正题。李比希当时
用酵母灰和铵盐试验糖水的发酵，绝未注意上述的缺点，以致其他
各种生物自然地产生。而且李比希应该用显微镜作一次精确点的观
察，以确定这种结果的可靠与否。但是读了他的论文后，我们觉得
他似乎没有这样做过。他的学生一定可以告诉我们，他并没有应用
显微镜研究。但是想不用显微镜研究发酵，非但很困难，甚至是不
可能的事情。我们自己得到的结果也因为这个缘故而和李比希的相
同，即这并不是个简单的酒精发酵。我们的实验的详细情形，已在
1860 年的论文里发表过。我们所得到的是乳酸发酵和酒精发酵。它
们在同一时间发生，所以液中剩了一半以上的糖没有发酵。不过，这
件事并不和我们的推论相冲突。我们甚至可以说，从普遍的和哲学
的方面观察——其实我们所注意的，就是这两个观察点——这种结
果，是再令人满意没有了，因为此结果证明矿质媒液适合于多种发
酵剂的同时生长。偶然有几种不同的发酵剂生在一起，绝不能推翻
我们的这个结论。酒精发酵剂和乳酸发酵剂的细胞中所有的氮，都
是从铵盐里提取的，而所有的碳，都是从糖中提取的——因为在我们
所用的媒介里，含碳的物质只有糖。李比希特地避开这桩事实，因
为它能够连根推翻他的批评。他不过说我们并未得到纯粹的酒精发
酵，这原是想借此使他的批评发生效力。现在我们可以不必再叙述含
糖媒液中酵母繁殖的困难情形。我们研究上的进步，使此问题得到
了和以前不同的新观点。因此我们就能够鼓起勇气，于 1871 年在科
学院里答复李比希：情愿在李比希指定的委员面前，用含糖矿质媒
液制备发酵剂，或使糖质发酵。发酵剂和糖的量，都可以随李比希

指定。

前面所述的关于纯粹的发酵剂的事实和实验上的操作，使得我们可以完全不必顾虑有什么性质上和发酵剂不同的生物的种子，偶然地由空气、器皿或发酵剂本身带入液体。

我们现在又要来应用那双颈烧瓶了。这次我们假定它有 3 ～ 4 升（6 ～ 8 品脱）的容量。放在烧瓶里的物质如下：

纯粹蒸馏水

糖………………… 200 克

酸性酒石酸钾……………1.0 克

酸性酒石酸铵……………0.5 克

硫酸铵………………1.5 克

酵母灰………………1.5 克

（1 克 =15.43 格令）

这个混合的液体，先要用煮沸法去除空气里、液体里或瓶边上的各种生物的种子。在那细的曲管的末端，我们很小心地装入少许的石棉，然后将烧瓶静置，任其自行冷却。从另一个颈里，我们就注了微量的发酵剂到烧瓶中；这一个颈的末端（如前所述）连接着有玻塞的橡皮管。

其中一次实验的详情如下：

在 1873 年 12 月 9 日，我们种了一点纯粹发酵剂——巴氏酵母。注入后的 48 小时，在 12 月 11 日，瓶底有极小的气泡差不多连续地上升，表明发酵作用已经开始。以后的几天，液面上出现小面积的泡沫。我们将烧瓶安放在恒温箱中，保持 25℃（77℉）的温度。到 1874 年 4 月 24 日，我们用直玻管抽出了少许液体，预备测验糖质是否已经完全分解。结果，我们计算了一下，瓶中不过剩下不到 2 克的糖，表明 198 克（4.2 金衡盎司）[①] 糖已经消灭了。再过了几时，发酵便已停止，不过我们还是将实验继续维持到 1875 年 4 月 18 日。

在此实验中，除发酵剂本身以外，没有其他的生物产生。发酵剂是很多的，又因为它的活力很强，所以媒液虽不适合供给它的营养，仍可以使发酵完成。就是极少的糖，都未曾留下。发酵剂经过洗濯，和 100℃（212℉）的烘干作用后，重量达 2.563 克（39.5 格令）。

做这种实验的时候，因为发酵剂是预备要称的，所以最好用完全可以溶解的酵母灰，将来容易和产生的发酵剂分离。用劳林液（Raulin's liquid）[②] 也可以得到良好的效果。

各种酒精发酵剂，在磷酸盐、铵盐和糖的溶液中的发育程度并不一致。有的在糖的分解完成以前即行停止。我们做过几个比较的实验，每一实验用 200 克的糖。结果，用巴氏酵母的实验里，糖能完全发酵。用干酪发酵剂的，只有 $\frac{2}{3}$ 发酵。还有用我们称作新的"高"发酵剂（new high ferment）的，不过发酵 $\frac{1}{5}$。在恒温箱中安放得久点，

---

① 此处数据换算有误，198 克应为约 6.36 金衡盎司。——编辑注

② 劳林发表过一篇著名的、很有价值的论文。他在那篇论文里说明了他发现的一种最适于霉菌生长的矿质媒介。此媒介的配制法也详细载明。我们在正文里为简略起见称为劳林液的，就是此种媒介。其成分如下：

水……………………1500
糖……………………70
酒石酸……………… 4
硝酸铵……………… 4
磷酸铵……………… 0.6
碳酸钾……………… 0.6
碳酸镁……………… 0.4
硫酸铵……………… 0.25
硫酸锌……………… 0.07
硫酸铁……………… 0.07
硅酸钾……………… 0.07

录自 1870 年劳林在巴黎的博士论文。

也不见得能够增加发酵的糖的成分。

我们用矿质媒液做了许多发酵的实验，原有一段很有趣味的历史，不妨在这里讲讲。有一位在我们的实验室里工作的某君说，我们的实验之所以能够成功，全靠着糖中的杂质。他说，如果所用的糖是纯粹的——比我们原来用的市面上出售的白糖还要纯洁得多——发酵剂就不会繁殖。某君固执己见。我们要说服他，不得不将以前的实验用纯粹的糖重做一遍。此糖是请了一位老练的制糖家苏各德（Seugnot）特别替我们精心制备的。实验的结果证明了我们以前的推论，但是我们那位固执的朋友仍不满意。他费了许多工夫，选了一点市面上出售的糖，经过多次的结晶作用使其变为小结晶体，然后再亲自重复我们的实验。这次他最终被事实说服了。纯粹的发酵，非但不迟缓，反比市售糖的作用更快。

在这里，我们可以稍说几句关于酵母不变成灰绿青霉菌的问题。

我们若在发酵的时候倒去发酵液，剩下的沉淀的酵母仍放在瓶中，任它和空气接触，不会有微量的灰绿青霉菌产生。我们还可以通入纯粹的空气，经过了较长时间，还是得到一样的结果。但是此媒液确实很适合这种霉菌生长。我们只需加入几个青霉菌的芽孢，不多几时，那生物就可以布满在酵母沉淀上。我们认为特尔宾、霍夫曼和特里考尔的叙述都是以这种幻觉作根据的，而且用显微镜研究的时候，很容易遇到这种幻觉。

我们在学院里宣布了这些事实[1]，特里考尔承认他不能理解[2]，他说："照巴斯德君的见解，啤酒酵母是厌氧细菌，就是说它能在没有氧的液体中生活。但是要形成醭酵母或青霉菌，最要紧的条件是先要

---

① 参阅巴斯德：*Comptes rendus de l'Académie*, vol. lxxviii, pp.213-216。
② 参阅特里考尔：*Comptes rendus de l'Académie*, vol. lxxviii, pp.217-218。

将它放在空气中，因为若不如此，好氧的细菌绝不能生活。要将啤酒酵母变成酿酒醭酵母或灰绿青霉菌，我们必须营造适合这两种生物生活的情形。巴斯德君用来培养酵母的媒介，若不适合于这所需要的改变，就不必希望什么——他的结果必定是反面的。"

但是我们并没有像特里考尔毫无根据的话那样，在不适合于转变成青霉菌的媒液中培养我们的酵母。我们刚才讲过，这些实验的主要目标是要使这种微小的植物和空气接触，也要使它们毫无拘束地变成青霉菌。我们的实验都是依照特尔宾和霍夫曼所指定的条件做的。不过我们极力地设法避免各种致误的原因；他们可是一点也没有注意到这些。这就是我们的实验和他们的唯一的区别。我们常用的双颈烧瓶有很灵便的空气的进出路，可以不必用连续的空气通入法。我们先用锉刀在薄的颈上离瓶口 2 ~ 3 厘米的地方划一个痕，用玻璃匠的钻石把周围切断，除去上面的一节。然后在开口的地方立刻盖一张用火焰熏过的纸，用线扎在剩下的颈上。这样我们可以增加或延长烧瓶里的细菌的结果作用（fructification），或好氧性发酵剂的生命。

我们讲的话，虽然是关于灰绿青霉菌，也可以应用于酿酒醭酵母。虽然特尔宾和特里考尔反对，我们仍旧保留我们的意见。照上述实验的情形，酵母产出葡萄酒醭酵母或酿酒醭酵母的能力，并不过于产生青霉菌的能力。

以前的几节里讲到的许多实验，目的是研究矿质媒液中有机发酵剂的增加和生理学有重大的关系。我们由这些实验得到许多推论，最重要的一个就是它们能够表明，细胞的活力可以构成发酵剂里的蛋白质。这种细胞没有光和游离的氧的帮助，也可以使碳水化合物、亚盐、磷酸盐、硫酸钾和硫酸镁发生化学的变化。高等植物也有同样的效果。所以我们实在不懂，照现在科学发展的程度，为什么我们不能说这个效果是普遍的？将这种关系推广，使它可以包括所有的植物，也是个合乎逻辑的办法。这意思是说，植物界的蛋白质——恐怕动物也可以包括在内——完全由细胞对于树液里或血浆里的铵盐与其他的盐和碳水化合物的化学作用所造成。在高等植物中，那碳水化合物只需绿光的化学作用，即能产生。

这样看，蛋白质的生成和碳酸气在日光下的还原作用并没有关系。蛋白质不是由水、氨气和碳酸气（在分解以后）凑成的，它们是在细胞里，由树液送入的碳水化合物的磷酸钾、磷酸镁及铵的盐化合而成的。末了，讲到用碳水化合物和矿质媒液培育微细植物的问题，因为碳水化合物有很多的变化，我们尚不能彻底了解它怎样先分裂成元素，然后再组成蛋白质和木质——木质也是一种碳水化合物。我们现在已经开始对于这问题的研究。

构造高等植物生命里的主要物质和分解碳酸气，必须有太阳的照射。但这并不意味着低等生物必定也是这样。事实上，有几类植物无须太阳的照射也可以形成很复杂的物质——无论是脂肪属的，或是淀粉属的——如木质、各种有机酸和蛋白质。它们所需的碳，不是从已经被氧饱和了的碳酸气中提取的，而是得自尚有吸氧能力的物质。所以在其发生作用的时候，有热放出。若要举几种这样的物质作为例子，我们可以提出醇（酒精）和醋酸。这两样是有机性最少的含碳化合物。这两样化合物，以及许多其他可以供给碳素给醭酵母和霉菌的含碳化合物，都可以用贝特洛的综合法由碳和水蒸气制成。这样看来，假如日光真的消失了，有几种低等生物的确还可以维持它们的生命。①

_____

① 参阅 1876 年 4 月 10 日和 24 日在科学院的会议里，我们关于此题目的演讲记录。

科学元典丛书（红皮经典版）

科学元典丛书（彩图珍藏版）

自然哲学之数学原理（彩图珍藏版）	［英］牛顿
物种起源（彩图珍藏版）（附《进化论的十大猜想》）	［英］达尔文
狭义与广义相对论浅说（彩图珍藏版）	［美］爱因斯坦
关于两门新科学的对话（彩图珍藏版）	［意］伽利略
海陆的起源（彩图珍藏版）	［德］魏格纳

科学元典丛书（学生版）

1	天体运行论（学生版）	［波兰］哥白尼
2	关于两门新科学的对话（学生版）	［意］伽利略
3	笛卡儿几何（学生版）	［法］笛卡儿
4	自然哲学之数学原理（学生版）	［英］牛顿
5	化学基础论（学生版）	［法］拉瓦锡
6	物种起源（学生版）	［英］达尔文
7	基因论（学生版）	［美］摩尔根
8	居里夫人文选（学生版）	［法］玛丽·居里
9	狭义与广义相对论浅说（学生版）	［美］爱因斯坦
10	海陆的起源（学生版）	［德］魏格纳
11	生命是什么（学生版）	［奥地利］薛定谔
12	化学键的本质（学生版）	［美］鲍林
13	计算机与人脑（学生版）	［美］冯·诺伊曼
14	从存在到演化（学生版）	［比利时］普里戈金
15	九章算术（学生版）	〔汉〕张苍〔汉〕耿寿昌 删补
16	几何原本（学生版）	［古希腊］欧几里得

科学元典·数学系列

科学元典·物理学系列

科学元典·化学系列

科学元典·生命科学系列

科学元典·生命科学系列（达尔文专辑）

科学元典·天学与地学系列

科学元典·实验心理学系列

科学元典·交叉科学系列

全新改版·华美精装·大字彩图·书房必藏

科学元典丛书，销量超过 *100* 万册！

——你收藏的不仅仅是"纸"的艺术品，更是两千年人类文明史！

科学元典丛书（彩图珍藏版）除了沿袭丛书之前的优势和特色之外，还新增了三大亮点：

① 增加了数百幅插图。

② 增加了专家的"音频＋视频＋图文"导读。

③ 装帧设计全面升级，更典雅、更值得收藏。

名作名译·名家导读

《物种起源》由舒德干领衔翻译，他是中国科学院院士，国家自然科学奖一等奖获得者，西北大学早期生命研究所所长，西北大学博物馆馆长。2015 年，舒德干教授重走达尔文航路，以高级科学顾问身份前往加拉帕戈斯群岛考察，幸运地目睹了达尔文在《物种起源》中描述的部分生物和进化证据。本书也由他亲自"音频＋视频＋图文"导读。

《自然哲学之数学原理》译者王克迪，系北京大学博士，中共中央党校教授、现代科学技术与科技哲学教研室主任。在英伦访学期间，曾多次寻访牛顿生活、学习和工作过的圣迹，对牛顿的思想有深入的研究。本书亦由他亲自"音频＋视频＋图文"导读。

《狭义与广义相对论浅说》译者杨润殷先生是著名学者、翻译家。校译者胡刚复（1892—1966）是中国近代物理学奠基人之一，著名的物理学家、教育家。本书由中国科学院李醒民教授撰写导读，中国科学院自然科学史研究所方在庆研究员"音频＋视频"导读。

《关于两门新科学的对话》译者北京大学物理学武际可教授，曾任中国力学学会副理事长、计算力学专业委员会副主任、《力学与实践》期刊主编、《固体力学学报》编委、吉林大学兼职教授。本书亦由他亲自导读。

《海陆的起源》由中国著名地理学家和地理教育家，南京师范大学教授李旭旦翻译，北京大学教授孙元林，华中师范大学教授张祖林，中国地质科学院彭立红、刘平宇等导读。

第二届中国出版政府奖（提名奖）
第三届中华优秀出版物奖（提名奖）
第五届国家图书馆文津图书奖第一名
中国大学出版社图书奖第九届优秀畅销书奖一等奖
2009年度全行业优秀畅销品种
2009年影响教师的100本图书
2009年度最值得一读的30本好书
2009年度引进版科技类优秀图书奖
第二届（2010年）百种优秀青春读物
第六届吴大猷科学普及著作奖佳作奖（中国台湾）
第二届"中国科普作家协会优秀科普作品奖"优秀奖
2012年全国优秀科普作品
2013年度教师喜爱的100本书

科学的旅程
（珍藏版）

雷·斯潘根贝格　戴安娜·莫泽 著

郭奕玲　陈蓉霞　沈慧君 译

物理学之美
（插图珍藏版）

杨建邺 著

500幅珍贵历史图片；震撼宇宙的思想之美

著名物理学家杨振宁作序推荐；
获北京市科协科普创作基金资助。

九堂简短有趣的通识课，带你倾听科学与诗的对话，
重访物理学史上那些美丽的瞬间，接近最真实的科学史。

第六届吴大猷科学普及著作奖
2012年全国优秀科普作品奖
第六届北京市优秀科普作品奖

美妙的数学
（插图珍藏版）

吴振奎 著

引导学生欣赏数学之美

揭示数学思维的底层逻辑

凸显数学文化与日常生活的关系

200余幅插图，数十个趣味小贴士和大师语录，全面展现
数、形、曲线、抽象、无穷等知识之美；
古老的数学，有说不完的故事，也有解不开的谜题。

达尔文经典著作系列

已出版:

物种起源	〔英〕达尔文 著　舒德干 等译
人类的由来及性选择	〔英〕达尔文 著　叶笃庄 译
人类和动物的表情	〔英〕达尔文 著　周邦立 译
动物和植物在家养下的变异	〔英〕达尔文 著　叶笃庄、方宗熙 译
攀援植物的运动和习性	〔英〕达尔文 著　张肇骞 译
食虫植物	〔英〕达尔文 著　石声汉 译　祝宗岭 校
植物的运动本领	〔英〕达尔文 著　娄昌后、周邦立、祝宗岭 译 祝宗岭 校
兰科植物的受精	〔英〕达尔文 著　唐 进、汪发缵、陈心启、胡昌序 译　叶笃庄 校，陈心启 重校
同种植物的不同花型	〔英〕达尔文 著　叶笃庄 译
植物界异花和自花受精的效果	〔英〕达尔文 著　萧辅、季道藩、刘祖洞 译　季道藩 一校，陈心启 二校

即将出版:

腐殖土的形成与蚯蚓的作用	〔英〕达尔文 著　舒立福 译
贝格尔舰环球航行记	〔英〕达尔文 著　周邦立 译